현상학과 건축이론

글 임기택

주요 철학자 소개

PART I 현상학의 주요 관점과 디지털시대의 지각 문제

2001 현상학의 성립 / 12

2002 후설의 사유체계 / 17

2003 하이데거의 철학적 사유체계 / 25

2004 사르트르의 실존철학 / 30

2005 메를로 퐁티의 사유체계 / 33

2006 사이버공간과 지각의 현상학 / 43

PART II 지역주의 건축의 기억 및 감각의 건축

2007 하이데거의 축조와 거주개념 / 49

2008 루이스 칸의 건축관 / 58

2009 일본의 음예공간 / 82

2010 장소성을 강조하는 지역주의 건축흐름 / 84

2011 알바 알토의 건축관 / 94

2012 비판적 지역주의 / 100

2013 이야기성(시나리오)과 움직임의 공간적 경험을 중시하는 흐름 / 104

2014 스티븐 홀의 건축 / 110

2015 알바로 시자의 건축 / 129

2016 피터 줌터의 건축 / 136

2017 사이버공간과 몸 철학 그리고 건축 / 143

2018 통제적 환경과 유비쿼터스 / 146

2019 몸과 결부된 건축 및 표현양상 및 건축적 실험 / 148

PART III 시사점과 건축적용 가능성

생각해보아야 할 점

2020 현상학적 공간구조의 동시대적 표현방안 / 157

2021 지역과 관련된 사고의 적용방안 / 159

2022 메를로 퐁티의 몸 철학의 적용방안 / 160

2023 사이버 시대의 신체와 관련된 부분의 적용가능성 / 162

찾아보기

그림출처

참고문헌

데카르트 이후 모던시기를 지배해왔던 이원론적인 합리주의적 세계관은 그 자체내의 폭력성과 한계로 인해 보완을 요구받게 된다. 인류사에 급격한 단절을 가져왔던 과학기술의 혁신적 변화는 인류의 인문적, 정서적 속도를 훨씬 뛰어넘는 것이었다. 자연스럽게 소외와 불안감이 폭발적으로 증폭되는 것과 제국주의적 양상, 양차 세계대전과 같은 이성의 폐해가 드러나기 시작했다.
양차 세계대전 이후의 사유는 이러한 이성적 사유의 부정적 측면을 어떻게 하면 극복하거나 보완할 수 있는가에 집중되고 있다고 해도 과언이 아니다. 모던은 그만큼 거대한 혁명적 변화였기 때문이다. 따라서 우리는 아직도 그 자기장 안에서 자유롭지 못하다.
현상학하면 무언가 어렵고 거창할 것이라 생각할 수 있지만 결국 이러한 이성이 폭발적 발전으로 나타난 부작용과 폐해를 극복하고자 했던 반동적 사고였다.
현상학은 근대 이성의 편협적 폐해를 보완할 수 있는 장치를 마련했다는 점에서 이전 사고의 단점을 극복했다고 볼 수도 있지만 그것을 판단하는 주체를 부정하거나 새롭게 생각하지는 않았기에 여전히 위험성을 내포하고 있다고 볼 수 있다.
하이데거가 주장하는 시적 어휘는 서구이성의 합리적 기술적 표현을 극복할 수 있는 방안이며 그 능력에 대해서는 의심의 여지가 없다. 시적 주관성을 강조한 흐름은 개인예술과의 친화력을 가지고 있어서 개인적 특수성을 만족시킬 수는 있으나 이성적 객관성과 정량적 해석을 담보하기에는 어려운 측면이 존재한다. 이로 인해 때로는 시적어휘의 진정성이 애매한 맹목적 주관성으로 흘러 오히려 더욱 폭력화되는 것을 경계해야 할 필요가 있다.
실존주의자들의 사례가 교훈적이다. 실존주의자들의 큰 틀에서의 좋은 취지에는 누구나 동의할 수 있다. 그러나 그것을 실현하는 하부단계로 실현방법론에 있어서는 주관적 가치의 충돌로 인하여 객관적 합의를 이끌어내는

데 어려움을 겪을 수밖에 없다. 그 치명적 단점이 바로 실존주의의 쇠퇴를 가져온 만큼 이에 대한 보완도 필요하다.

결국 현상학적 사유는 엘리트적 위치에서 바라보면 대중과 소통할 수 있는 방안을 제시할 수 있도록 끊임없이 노력할 때 의미가 있을 것이며 시적 특수성을 객관화할 수 있는 방안에 대해서도 계속적으로 노력하고 보완할 때 일반 대중들에게 그 가치를 인정받고 소통할 수 있을 것이다.

건축디자인 역시 이러한 사유의 연장선상에서 이루어져야 할 것이다. 공간의 감각, 경험, 장소성과 불가분의 관계에 있는 건축의 학문적 특성상 향후 현상학의 중요성이 더욱 강조될 것임 만큼 현상학과 관련된 담론을 사유하는 데 이 책이 조그마한 도움이 되기를 기대해본다.

2014년 1월

주요 철학자 소개

에드문트 후설(Edmund Husserl, 1859-1938)

현상학적 체계를 확립시킨 유대계 철학자. 1901년『논리연구』를 출간하면서 현상학의 개념을 정립했다. 그는 이성을 중심으로 하는 과학의 실증주의를 근본적으로 비판하여 근대철학이 가지고 있던 폐해에 대해 역설하고 폐해를 벗어날 수 있는 참된 의미의 객관을 사유할 수 있는 방법론을 제시했다.

데카르트의 사고가 주체와 객체를 분리시켜 사고하여 객체를 대상화시키는 것을 철학적 오류라고 생각하고 분리 대신 '관계맺기'와 '지향성'을 통해 통합적으로 사고하여 판단할 것을 주문했다. '의식의 종합'을 통해 최종적으로 결론맺기까지 판단을 유보해야 한다고 주장했다. 관계맺기와 지향성의 괄호치기는 그의 사유의 핵심중 하나이다. 또한 그의 사유는 경험하면서 종합하기 위해 인간 의식에 드러나는 그대로의 현상을 기술하도록 했기 때문에 현상학이라는 명칭이 생겨났다. 그의 사유는 이성의 폐해를 극복할 수 있는 근본적인 성찰을 가능하게 했으며 이후 하이데거, 및 실존주의 철학, 퐁티의 철학에 많은 영향을 끼쳤다.

마르틴 하이데거(Martin Heidegger, 1889-1976)

독일의 철학자. 마르부르크 대학, 프라이부르크 대학 교수를 역임했다. 그의 철학은 대상을 존재론에 근거하여 바라보며 후설의 현상학의 방법론을 채택했다. 존재와 존재자와의 구별되는 개념을 역설하는 그의 철학은 '현존재

의 해석학' 다시 말해 실존의 분석론에서 출발하는 보편적인 현상학적 존재론이다. 따라서 그의 철학은 실존철학으로 분류된다. 데카르트적 사유는 대상화하여 세계와 외부를 관찰하기만 했지 본질에 대해서 탐구하지는 않았다는 생각이 주가 되었다. 즉, 어떤 특정 성질에만 집중하여 성질이 있는 형질로 탐구하는 것을 망각해왔다는 것이다. 이러한 뿌리깊은 몰이해를 피하기 위해, 하이데거는 철학의 역사를 하나씩 되짚어 보면서 철학적인 질문을 새로운 방식으로 제기해야 한다고 믿었다. 거주장소, 세계-내-존재와 같은 개념은 지역주의와 기억과 관련하여 건축분야에서도 많이 인용되는 부분이다. 또한 시적어휘의 개념을 거주와 함께 설명하는 것은 오늘날 지역주의 건축과 관련하여 많은 영감을 주고 있다.

사르트르(Jean-Paul Charles Aymard Sartre, 1905–1980)

프랑스 작가, 실존주의의 대표적 철학자. 실천정치에도 활발히 참여했다. 노벨상 수상자로 선정되었으나 수상을 거부했다. 교편을 잡으면서 『구토』를 출판했다. 2차세계대전 당시 포로가 되었다가 탈출했다. 1943년에 『존재와 무』를 통해 실존철학자로서 이름을 알렸다. 카뮈와 레지스탕스 활동을 했다. 한때 공산당을 옹호하는 글을 쓰기도 했으나 이후 반공으로 돌아섰다. 또한 베트남 전쟁에 반대하는 평화운동을 실천하기도 했다. 1964년 '말'을 출판해 노벨 문학상 수상자로 올랐으나 수상을 거부했다. 세상에 던져진 존재가 세상과 관계를 맺어 나가는 과정 속에서 현실에서 바람직한 방향으로

1. 에드문트 후설 초상
2. 마르틴 하이데거 초상
3. 사르트르 초상
4. 모리스 메를로 퐁티 초상

끊임없이 행동할 때 실존으로서의 자아를 쟁취할 수 있다는 생각을 가지고 있었다.

모리스 메를로 퐁티(Maurice Merleau-Ponty, 1908–1961)

프랑스의 철학자. 현상학에 영향을 받았다. 에콜 노르말 슈베류르에서 수학하고 1930년에는 철학 교수 자격을 취득했다. 제2차 세계 대전 중 레지스탕스 운동에 가담했다. 1945년에는 『행동의 구조』, 『지각知覺의 현상학』을 박사논문으로 제출하여 명성을 얻게 되었다. 사르트르의 사상적 영향을 받아 함께 『현대』지 창간 및 운동에 협력했으나 이후 결렬되고 그를 비판했다. 그의 철학은 후설의 현상학을 근간으로 했지만, 독자적으로 인간 자체의 행동 구조와 지각세계를 집중적으로 탐구하여 신체를 가지고 사유하는 인간의 특성상 실재론과 관념론 모두를 중시해야 한다는 주장을 했다. 인간의 실존이 사물이나 관념으로 단순히 환원할 수 없는 이의성二義性을 인정하고 중시하여 사유해야 한다는 독특한 사유를 펼쳤다. 신체의 감각과 지각을 중시하는 현대 건축계의 담론에 빠질 수 없는 중요한 인물이다. 그가 활동했던 시기와 다른 오늘날 그의 담론이 주목받는 이유는 디지털시대의 새로운 공간 및 감각을 어떻게 받아들이고 사유해야 할지에 대한 질문이 끊임없이 제기되기 때문이다.

2권의 주제는 철학부분에 있어서는 현상학과 실존주의, 몸 철학 등과 관련된 사유의 특성을 살펴볼 것이다. 건축분야에서는 지역주의 건축과 장소에 대한 기억을 중시하는 건축관 및 건축과 지각, 그리고 신체에 관련된 사고 등이 건축에서는 현상학적 논의와 관련을 맺고 있다. 1권에서 진행했던 담론들은 사실, 건축사 전체를 관통하거나 현대건축의 상황을 이해하기 위한 기본적 바탕이 되는 사고와 건축 역사에 대해서 살펴보는 것이 주가 되었으므로 현대건축가 혹은 동시대의 건축가의 작품들을 살펴본다기 보다는 한 세기정도의 시차가 있는 사고나 건축에 대해서 살펴보는 측면이 강했다고 할 수 있었다. 그러나 2권의 내용들은 동시대의 건축과 상당정도 관련이 있는 담론들이다. 2권과 관련된 주제는 다음과 같다.

- 현상학과 실존주의, 몸 철학과 관련된 사고의 계보는 어떻게 되는가?
- 현상학적 사유와 관련된 건축적 양상은 어떻게 나타나는가?
- 하이데거의 축조와 거주개념은 무엇인가?
- 현상학에서 시적 언어의 역할은 무엇인가?
- 지역주의와 기억과 건축에서 관련되는 부분은 무엇인가?
- 장소성을 강조하는 건축흐름은 어떻게 진행되었는가?
- 봉사하는 공간servant space 및 봉사받는 공간served space과 현상학적 개념은 어떻게 연결되는가?
- 기억과 직관이 작용하는 건축적 영역은 무엇인가?
- 시적언어와 건축적 표현은 어떻게 나타나는가?
- 디지털시대에 현상학적 의미는 어떻게 바라보아야 할 것인가?

현상학의 주요 관점과

PART 1

디지털시대의 지각문제

현상학의 사유체계

1권에서 우리는 이성의 발전과 계몽시대 이후로 이성이 중시되면서 발전된 상황들에서 파생되는 명암을 살펴보았다. 인류는 양차 세계대전, 이성의 도구화의 심각한 부작용을 경험했다. 이에 인류는 근본적인 반성을 통해 새로운 사고방식의 필요성이 절실함을 통감했다. 인류는 양차세계대전을 거치면서 주체와 객체를 분리하여 사고하는 이성중심의 합리적 사고를 극복할 수 있는 방안이 절실하게 필요하다는 것을 깨달은 것이다. 최선이라고 믿었던 합리적 사고가 사실은 편협적 사고였음을 깨달은 것이다. 현상학과 실존주의의 성립은 이러한 시대적 상황과 긴밀한 관계를 지니고 있다. 특히 실존주의자들은 부조리한 현실에 참여하여 변화시키고자 했고 정치적 목소리를 내는 부분에도 노력했다.

2001 현상학의 성립

1권에서 살펴본 바와 같이 데카르트는 이성을 중시하는 사유를 펼쳤다. 이성을 중시하는 과학으로 대표되는 실증주의자(자연과학)들은 거의 대부분 눈에 직접적으로 보이는 것만 믿고자 하는 불가지론자不可知論者의 태도를 보이게 마련이다. 즉, 이들에게는 보이는 것, 눈앞에 존재하는 것만을 믿으며 그것을 대상으로 객관적으로 연구하는 것에 익숙해져 있는 사람들이다. 이렇게 생각하는 '나'를 중심으로 객체를 완벽하게 분리시켜 연구하는 자세로 사유하는 방식인 서구의 실증주의적(합리적, 과학적) 태도는 19세기 자연과학의 발달에 지대한 기여를 했다. 재차 언급하지만 데카르트의 '생각하는 자아'에 대한 확신과 대상을 분리시켜서 생각하는 사고체계는 그 사고 자체에 태생적으로 상당한 **폭력성**을 내포하고 있다. 기존의 서구철학은 그 다른 대상들을 사유하기는 한다. 물론 생각하고 있는 나 자신(주체)과 내 앞의 사물(객체)과 독자들은 분명 다른 존재이긴 하다. 그러나 그러한 사고는 마치 보이지 않는 유리벽을 앞에 두고 너와 나는 완전히 다른 존재라는 것을 전제하여 객관적으로 연구하는 것이다. 의사인 나를 주체로, 병원균을 대상(객체)으로 객관적으로 현미경을 보면서 연구하는 것과 동일하다. 이른바 대상화시켜 사고하는 것이다. 만약, 그 대상이 나의 일부분이라면 어떨까? 생각하고 있는 나라는 주체가 나의 일부분, 예를 들어 나의 머리카락 혹은 살점 일부분을 떼어내어 관찰하고 연구한다고 가정해보도록 하자. 그렇다면 어떻게 되는 것일까? 생각하고 있는 주체인 나와 나의 일부분인 살점을 연구하는 것, 더 나아가 생각하고 있는 '나'의 직접적인 실체인 '나의 뇌'를 연구한다면? 무언가 이상해지는 것을 알 수 있다. 이렇게 의도적으로 객체와 대상을 분리시키는 사고는 무언가 폭력적이고 미흡한 점이 존재한다.

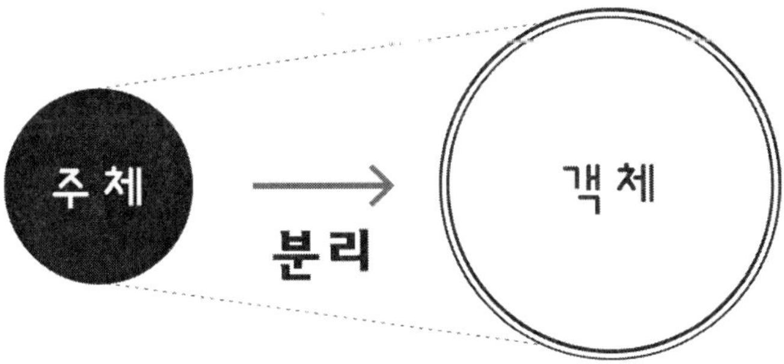

5. 주체와 객체의 분리

이성적 사고체계의 시스템적 최정점은 변증법적 체계라고 했다. 분류체계라고도 할 수 있는 변증법적 프레임은 정, 반의 요소에 억지로 끼워 넣으려는 폭력성이 내포되기 쉽다.

변증법적 사고체계가 완성되는 시기는 묘하게도 영국 등 서구의 제국주의가 경쟁적으로 식민지전쟁으로 각축전을 벌이고 있었던 시기와 일치하며, 기술적 발전을 최우선으로 하고 '문명화된 나라가 미개한 나라를 계몽하기 위해 지배할 수 있다' 라는 정당성을 내세우는 야만적 폭력성이 극에 달한 시기였다.

한편, 양차 세계대전을 통해 극심한 후유증을 겪은 서구세계는 지금까지의 이성적 사고체계에 대한 근본적인 반성과 회의를 갖게 되었다. 1권에서 살펴본 바와 같이 호르크하이머와 아도르노는 이성의 어두운 단면에 대한 성찰로 이성에 대한 부작용을 사유했다. 또한 이성과 자유의 역설적 도피현상에 대해서도 살펴보았다. 이제 2권에서는 이성적 합리적 사고관에 대항하여 새로운 사고체계를 찾기 위해 노력했던 철학자들의 사유체계가 새로운 담론의 주제가 될 것이다.

6. 제국주의의 탐욕성

7. 2차 세계대전의 고난과 고통
8. 히틀러의 독재

– 에리히 프롬의 분석

20세기의 인류의 어두운 부분을 분석한 에리히 프롬Erich Fromm은 아도르노와 호르크하이머와 함께 초창기 프랑크푸르트 사회연구소를 설립하는데 참여했다. '자유로부터의 도피Escape from Freedom'라는 고전의 반열에 오른 저서를 통해 그는 현대사회의 인간의 심리적 요소를 심층적으로 분석했다.

우리는 서구문명의 결정적인 악의 화신인 히틀러와 같은 괴물이 어떻게 나왔는가를 곰곰이 고찰해볼 필요가 있다.

프롬이 생각하기에 인간 개인에게는 자신 스스로 독립적으로 꿋꿋하게 서려고 하는 것보다는 무언가 조직에 포함되어 안도하려고 하는 의식, 즉 굴종적(노예적) 자세나 심리가 존재한다고 보았다. 또한 인간에게는 열등한 사람에게는 사디즘적, 자신보다 우등한 사람에게는 마도히즘적인 심리를 가지려고 한다고 생각했다. 또한 군중속으로 몰입하여 안정적인 심리를 가지려고 하는 특성도 있다. 다시 말해, 인간에게는 가학적인 사디즘적인 특성뿐만 아니라 스스로 피학적으로 고통받으면서 안심하고자 하는 특성이 있다는 것을 밝힘으로써 충격을 주었다. 그는 알고 보면 심리적으로 사람은 이러한 두 가지가 공존하는 동전의 양면과 같은 존재라는 주장을 펼친다. 대중에 편승하려고 하려는 심리 즉, 바로 인간의 본질적인 심리를 밝힌 것이다. 자유 평등 평화로 상징되는 프랑스 혁명을 통해 자유와 원하는 것들을 성취한 '인류'에게 양차 세계대전이라는 불행한 역사는 이러한 인간의 특성에 기인한다는 것이다. 자유는 이미 완성단계에 도달했지만 오히려 그 단계에서 다른 곳으로 도피하게 되었다는 것은 매우 역설적이고 아이러니한 일이다.

독일 국민이 결정적인 순간에 도피하게 된 것, 개인이 아닌 전체주의(파시즘)로 도피해나가는 속성 그리고 열등을 파괴의 본능으로 이끄는 인류의 본성이 역사에 존재했다는 점은 매우 역설적이고 아이러니하다. 결국, 인류의 과학적 발전에도 불구하고 인류의 양면적 무의식 세계를 잘 알아야 함을 역설적으로 증명하고 강조하고 있다는 것이다. 이러한 깨달음이 새로운 사유의 필요성을 절감하게 만드는 계기가 되었고 결국은 3권에서 다루게 될 구조주의와 같은 인간근본의 요소들에 관심을 돌려 집중하게 된 원인이 되었다.
비록, 프롬의 사유가 현상학적 사유와 직접적으로 연계되는 것은 아니지만 현상학적 사유가 발생하게 된 근본적인 이유에 대해 문제의식을 정확하게 제시하고 있다는 점에서 그의 사유는 현상학을 말하기 이전에 생각해 볼 필요가 있다.

2002 후설의 사유체계

에드문트 후설은 인간을 둘러싼 자연과 관계된 문제보다는 순수하고 관념직인 지각의 세계에서 모든 사물이 어떻게 구성되는지에 대해서 탐구했다. 이것을 일반적으로 '관념의 현상학'이라고 이야기 한다.

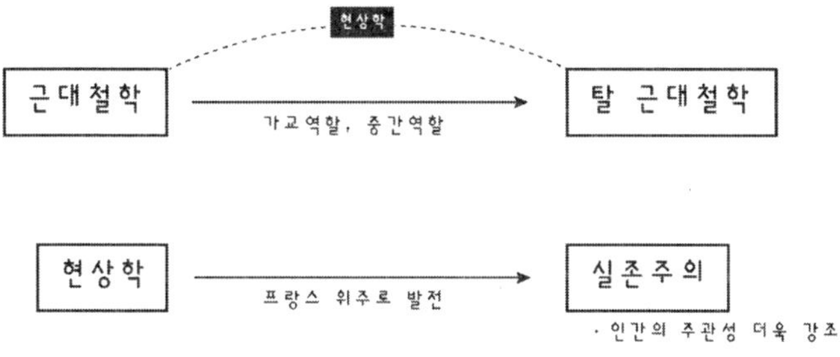

9

철학자 후설은 보통 현상학과 관련지어 작품활동을 하고 있는 건축가들이 언급하는 인물들 가운데 하이데거 및 메를로 퐁티와 함께 빠지지 않고 등장하는 철학자이다. 물론 그는 현상학의 창시자이기 때문에 현상학을 공부함에 있어서 응당 그의 철학적 사유부터 시작하는 것이 옳다고 생각할 것이다. 그는 독일의 철학자로서 19세기를 '유럽 학문의 위기'라고 규정하면서 철학적 대안으로 현상학을 주창한 철학자이다. 또한 근대철학과 현대/탈현대 철학을 잇는 가교역할을 한 것으로 잘 알려져 있다. 그리고 현상학 이후 실존

9. 현상학의 의미와 역할

주의로 발전하는데 기초적인 생각을 준 철학자이다. 왜 그러한 평가를 받고 있는 것일까?

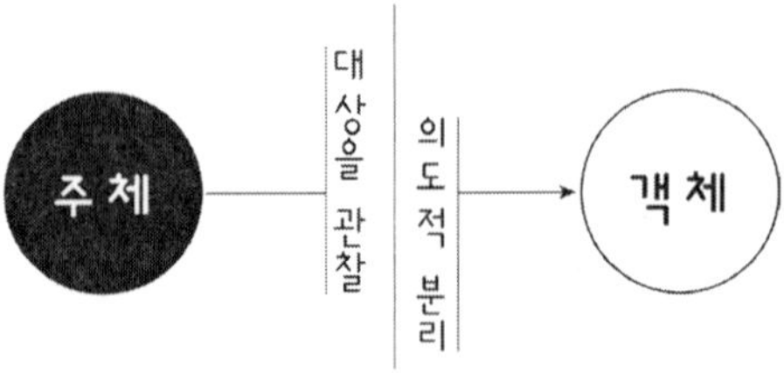

10

현상학은 생각하는 주체를 인정한다. 그는 주체철학의 계보를 잇고 있다고 할 수 있지만 현상학은 합리적이고 객관적인 판단을 비판한다. 앞서 이야기 했던 주체와 객체를 의도적으로 분리하여 대상을 관찰하는 행위 자체를 극렬하게 반대하는 것이다. 현상학자들은 이러한 사고자체가 매우 폭력적인 서구사회의 행태를 가져오는데 일조했다고 생각한다. 이렇게 현상학은 전통적인 형이상학적 철학과 대립적인 흐름가운데 탄생했다. 현상학은 주체와 객체를 의도적으로 분리시켜 합리적, 객관적으로 탐구하기보다는 인간의 주관성을 더욱 강조한 철학이다. 이러한 흐름을 통해 의도적인 분리를 극복할 수 있는 사고체계가 확립된 것이다.

다른 식으로 표현하면 우리 주위에서 벌어지는 현상에 대하여 주관적인 탐구를 추구하는 것이다. 일반적으로 사람들은 외부에 사물이 있다고 가정했을 때 생각하는 주체가 객체(사물)를 그대로 파악하고 사유할 수 있다고 생각하기 쉽다. 눈에 직접적으로 보이는 것만을 믿는 불가지론자의 태도나 실증주의적 사고체계가 모두 그런 것이지만 우리의 감각기관은 무척이나 취약하다. 단순히 눈에 보이는 것을 믿는다는 것은 참으로 위험한 것이다. 인간의 지각과 감각은 때로는 우리보다 열등한 독수리가 수 킬로미터 떨어진 먹이감을 발견하는 것보다, 물고기보다 어느면에서 바라보는 시야의 각도가 현저하게 떨어지거나 심한 착시 현상으로 능력이 떨어질 수 있다.

10. 이성의 의도적 분리 사고

인간의 시각은 매우 뛰어나고 유능하지만 동시에 오류를 범하기도 쉽다. 다음의 사례를 살펴보자.

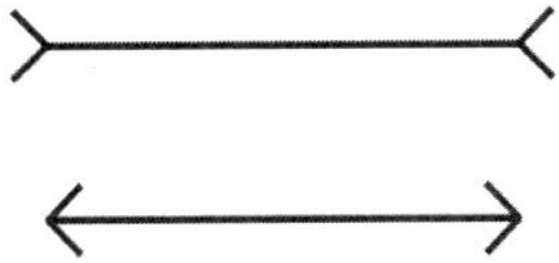

11

여러분은 어린 시절에 퍼즐놀이나 두뇌회전 놀이가운데 착시현상을 일으키는 놀이를 기억할 것이다. 여러 선이 있는 가운데 더 길어 보이는 선이 사실은 똑같은 길이라는 것을 확인하고 놀란 기억이 있을 것이다. 혹은 휘어져 보이는 선들이 사실은 똑바른 선이라든가 하는 것처럼 눈에 보이는 것이 정확할 것이라고 믿는 것에 대해 100퍼센트 확신할 수 없다는 것을 확인하면서 누구나 한번쯤은 놀란 경험이 있을 것이다. 인간은 청각에 있어서도 다른 동물보다 들을 수 있는 음의 폭이 현저히 차이가 난다. 사실은 존재하는 소리이지만 인간의 신체로는 음역대가 달라 인지하지 못하는 소리도 있다. 후각도 마찬가지이다. 개에 비해 우리는 얼마나 취약한 능력을 가지고 있는가? 인간의 감각은 이렇게 취약한 능력때문에 **'의도적으로 분리하여 사고한다'** 라는 것에 대해 비판할 수 있는 부분이 생기게 된다. 취약한 능력으로 인해 의도적으로 분리하여 사고하는 가운데 충분히 오판의 소지가 있기 때문이다.

여기서 유명한 현상학의 '무전제의 원리'가 등장한다.

11. 선길이의 착시현상과 착시현상

여기서 **'무전제'** 라는 단어는 어떤 의미도 전제하지 말라는 뜻이다. 즉, 외부 세계를 좀 더 정확히 알기 위해 모든 선입견을 버려야 한다는 철학적 주장을 하는 것이다. 다시 말해, '완전히 경험하고 알기 전까지는 판단을 좀 기다리자' 라는 것이다. 이것을 가능하게 하기 위해 우리의 의식은 비어있는 백지와 같다고 후설은 지정했다. 그 비어있는 공백 가운데 대상을 중간적인 매개물 없이 직접 마주치면서 생기는 경험을 중시하고 나의 의식이 그렇게 마주치면서 생기는 것, 상호관계를 맺으면서 생기는 의미를 중시하는 것이다. 여기서 '직접'이라는 말이 중요하다. '간접적'으로 경험한 것이 아니라, 주체가 '직접' 경험하면서 파악해나가는 것을 통해 지식을 완성해 나가는 것이다. 즉, 남이 이야기해준 것이 아니라 자신이 직접 세계와 관계를 맺으면서 생기는 의미를 중시하는 것이다.

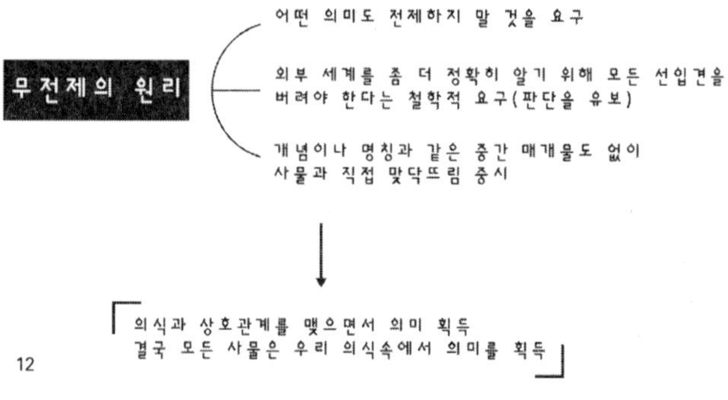

12

일견 별것 아닌 듯 느낄 수 있으나 이것은 매우 중요한 변화이다. 그 이유는 1권에서 살펴본 주체철학의 단점 및 폐해들을 극복할 수 있는 대안을 내놓은 것이기 때문이다. 예를 들어, 우리가 미술관이나 박물관에 갔다고 가정해보자. 최근의 미술관과 박물관은 그곳에 전시되어 있는 콜렉션에 대하여 설명해주는 PDA와 이어폰 시스템이 갖추어진 곳이 많아졌다. 미술관과 박물관

12. 무전제의 원리

은 하나의 '권력체계'라고 말할 수 있다. 미술관의 경우 의도적으로 작가의 작품과 관객을 의도적으로 분리시켜 전시한다. 물론 이러한 단점을 극복하기 위해 각 미술관 및 박물관은 체험전시나 인터랙티브 전시 등을 선보이기도 한다. 그러나 전시될 작가의 선정과 전시품목을 선정하는 것은 모두가 미술관의 전적인 권한이다. 관객은 미술관에서 정하는 대로 수동적으로 전시를 바라보기만 할 수 있을 뿐이다. 일종의 일방적인 권력체계가 형성된 것이다. 근대이후 발생했던 대표적인 시설들 중 뮤지엄, 박물관, 미술관 등은 이러한 권력체계가 구체화된 것이다. 마찬가지로 PDA로 설명해주는 시스템도 하나의 권력체계처럼 형성되어 있는 것이다. 이 시스템으로 설명해주는 내용은 물론, 그 분야에 대해서 많이 공부한 학예사들이나 그 분야에 정통한 학자들이 작성하는 것이다. 물론, 그들은 전문가 집단이고 또한, 미술에 대한 전반적인 지식이 일반사람들과는 비교할 수 없이 많은 지식을 갖는 경우가 대부분일 것이다. 그러나 이것을 비판적으로 바라본다면, 관람객들이 직접 작품을 감상하면서 독립적이고 개별적으로 느낄 수 있는 기회를 의도적으로 박탈하는 것이라고도 할 수도 있다. 자신의 생각이 아닌 소위 전문가라고 불리는 사람들의 생각과 지도가 기본바탕이 된 후에 바라보게 만드는 것이다. 이미 권위적인 사람들의 생각으로 다소 폭력적으로 길들여진 다음에 바라보는 시각은 자신만의 경험과 생각에 의해 생기는 체험과는 전혀 다른 것이 될 가능성이 있다. 미술관에 가서 **'작품을 바라볼 때 그것을 창조한 작가의 이름이나 제목, 연대, 기타 정보를 보지 않고 먼저 보는 것과 그것을 보고 난 후에 나서 바라보는 것에는 느끼는 것에 있어서 차이가 많구나!'** 라는 경험이 누구에게나 한번쯤은 있을 것이다. 후설은 이러한 상황을 거부하고 "전제하지 않은 상태에서 우선 바라보고 느끼는 경험을 중시하라"고 강조한다. 예를 들어, 여행할 때에도 가이드북의 사진이나 그곳을 경험한 사람들의 정보를 먼저 충분히 간접경험하고 간 경우와 그렇지 않은 경우에는 많은 차이가 있을 것이다.

후설은 선입견을 버리고 직접 가서 부딪치며 겪은 경험을 자신의 것으로 만들라고 주장한다. 자신이 경험하기 전에는 무언가 객체에 대한 판단을 유보하라는 것이다. 그러나 무조건적으로 경험 및 체험이 우선시되는 것은 아니다. 또한 그러한 판단이 단순히 주관적인 판단만을 의미하는 것도 아니다. 후설은 '의식'과 지향성을 중시했다. 그의 주장을 이해하기 위해 원뿔의 예를 들어보도록 하자. 우리가 원뿔을 바라볼 때 도면으로 표현하면 정면도, 측면도, 평면도, 배면도 등으로 표현할 수 있는데 도면에서 원뿔을 표현하면 모두가 다른 모습이다. 위에서 보면 중앙에 점이 찍힌 원이고 옆에서 보면 삼각형이고, 아래에서 보면 원일 것이다. 이렇게 전체적으로 다른 모습의 원뿔을 돌려가면서 종합해서 판단했을 때 온전한 원뿔 형태라는 것을 확인할 수 있는 것이다. 이것을 '현상학적 환원'이라고 한다. 의식은 비어있다고 가정하고, 비어있는 의식에 직접적인 경험을 통하여 종합하여 인식하고 그 가운데 의미를 만들어 나가야 한다는 것이다.

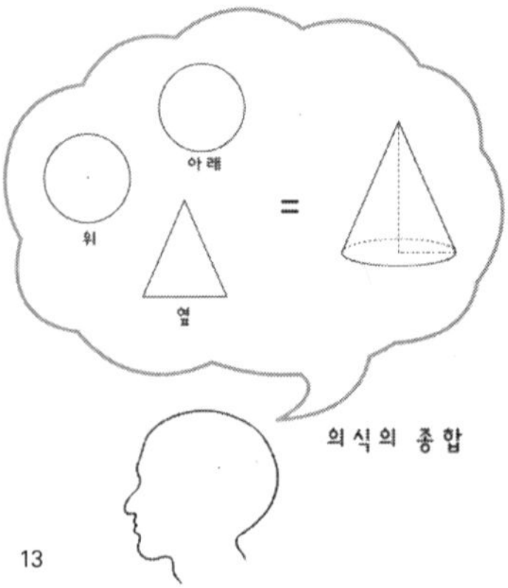

13

14

13. 의식의 종합
14. 장님들의 판단오류, 장님들은 코끼리의 한 부분만을 만지고 나서 묘사하면 각기 다른 형체를 말하게 된다. 의식의 종합을 했을 때 온전한 코끼리를 인식할 수 있다.

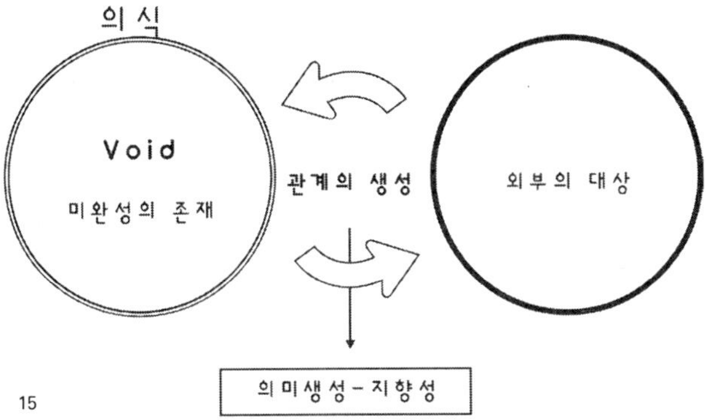

15

위의 다이어그램은 주체의 명증한 의식으로 객체를 바라보는 자세를 버리고 판단을 일단 유보하기 위해 미완성의 빈 공간void으로 둔 상태에서 외부의 대상을 계속적으로 경험하면서 의식하는 있는 나와의 관계를 맺음으로써 관계의 지향성이 생기고 의미가 생성되는 과정을 설명하는 것이다.

현상학적 환원은 경험을 다른 모든 것들로부터 분리시킨다는 의미를 지니고 있으며 '의식 속의 종합'을 매우 중요시하게 생각한다. 입체파의 회화가 일정부분 그러한 특성을 지니는데 예를 들어 피카소의 그림은 현상학적으로 생각하면, 사물을 한 시점에서 정지시키고 주관적인 작가의 시점으로 그리는 것이 아니라 사물을 여러 각도에서 바라보면서 전체적인 현상을 종합하려고 한 회화라는 점에서 새롭다고 할 수 있다. 한편, 회화에서는 여러 각도의 면을 돌아가면서 보여주게 되므로 시간성이 내포되어 있다고도 할 수 있다. 입체파의 회화가 독특하게 느껴지는 것은 기존 회화의 정지된 장면과는 다른 회화이기 때문이기도 하다.

15. X+Y와 (X+Y)의 비교- 빈 괄호 괄호 속에 대해서는 판단중지를 선언함
16. Head of a Woman, 1960, Pablo Picasso

17

18

물신화되고 상품화된 시각 혹은 대상화된 시각에서의 위의 신발은 사진에서처럼 우리가 백화점에 가면 만나게 되는 신발이다. 이 신발은 우리에게 어떤 의미도 제공하지 못한다. 이것은 단순히 상품으로서의 객체일 뿐이다. 반면, 오른편의 신발을 보면 낡고 허름한 신발의 풍모를 보았을 때 신고 있었던 사람의 고단한 노동 내지는 처량한 방랑의 느낌을 고스란히 느낄 수 있도록 전달되고 있다. 이것은 단순한 신발의 이미지가 아니라 우리의 내면에 어떠한 의미로 다가오게 되고 관계가 생성된다는 것을 느낄 수 있다. 하나의 상품으로 기호화된 것과 나에게 구체적인 의미로 다가오는 것은 상당한 차이가 있다. 우리가 잘 알고 있는 김춘수 시 "꽃"과 같은 하나의 대상이었던 꽃이 자신이 관심을 가지고 의미를 부여한 순간 내 마음속의 꽃으로 다가오는 것이다.

입체파의 논리는 앞에서 말한 원뿔의 예와 정확히 일치한다고도 볼 수 있을 것이다. 이전의 주체적 사고는 주체와 객체를 의도적으로 나누어 X+Y의 공식으로 나타낼 수 있다. X와 Y는 명백하게 다르고 전혀 다른 두 개가 되는 사고이다. 만약 X+Y에 괄호를 쳐서 (X+Y)가 된다면 상황은 완전히 달라지게 된다. 괄호 안의 X+Y를 하나로 생각하는 것이다. 흔히 이것을 가리켜 **'괄호치기'** 라고 이야기한다. 괄호치기를 통해 전체주의적인 한 쪽 방향의 사고

17. 물신화되어 있는 백화점의 상품
18. 의미가 부여된 현상학적 신발의 이미지

19

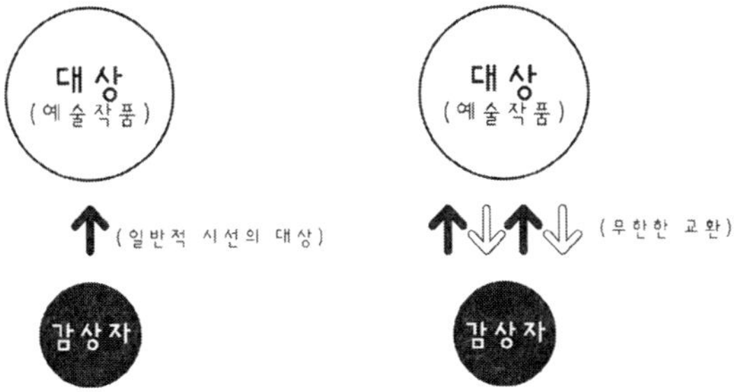

및 주체와 객체를 의도적으로 나누는 사고를 극복할 수 있는 획기적인 가능성이 생기게 된다. 그렇게 되면 두개가 아닌 하나로 묶어 생각할 수 있는 틀이 생긴다. 즉, 주체와 대상을 지향성으로 한데 묶는 것이 가능해진다는 점이다. 한데 묶어 사유하는 가운데 **'관계'**가 생기고 **'의미'**가 생기면서 **지향성**이 생기는 것이다. 여기서 무언가 데카르트적 사고와는 매우 다른 가능성이 느껴진다. 이렇게 사고의 전환을 통해 주체사고의 폐해를 극복할 수 있는 방향이 마련된 하나의 계기가 되었던 것이다. 그러나 여기서 우리는 주체의 경험의 다름에 따라 달리 생각하고, 달리 느낄 수있는 가능성이 충분히 존재하므로 주체의 해석에 따라 또다른 형태의 폭력성이 나올수 있음을 경계해야만 한다.

2003 하이데거의 철학적 사유체계

하이데거는 인간 자신 그리고 다른 모든 인간을 포함한 인간 세상에서 인간을 둘러싼 모든 것을 어떻게 이해하고 그것들이 어떻게 관계 맺어지는지에 대해서 경험의 해석적 구조를 통한 탐구를 진행했다. 일반적으로 이러한 흐름을 해석학적 현상학이라고 부른다.

하이데거는 건축에서 장소성과 기억 등의 요소들을 논할 때 빠지지 않고 등장하는 철학자이다. 하이데거는 훗설의 제자로서 후설의 현상학적 사고관

19. 대상과 감상자

을 수용하여 인정받고, 이후 후설의 사고를 넘어서는 사유를 제시했다. 그의 철학적 사유는 훌륭했지만 그가 나치를 도왔던 전력은 이후 씻을 수 없는 오점이기도 하다.

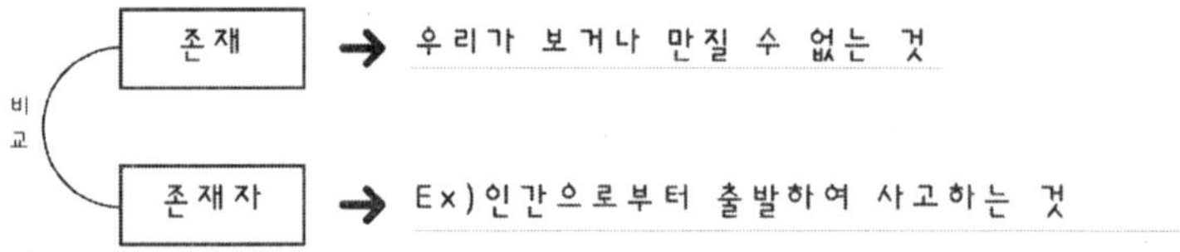

20

그는 **'존재'**와 **'존재자'**를 구분하였다. 일단 개념을 쉽게 생각하자면 먼저 존재자는 일반적으로 우리가 '~것'이라고 부르는 모든 것을 말한다. 이와는 달리 존재는 그러한 존재자들을 가능하게 해주는 **'무엇'**을 의미한다. 이것을 '것'으로 표현하는 것은 언어적 한계라고 할 수 있다. **존재**는 우리가 보거나 만질 수 없는 것이고 존재자는 구체적인 사물과 같은 것이다. 우리는 존재자를 바라볼 때 인간으로부터 출발하여 사고해야 한다. 다시 말해 존재자는 존재(인간)로부터 시작되어야 하고 존재로부터 시작되어 존재자로의 방향성이 생기는 것이다.

그래서 그는 존재와 존재자(인간) 즉, **현존재(다자인 Dasein)**의 개념을 만들었다.[1)]
일차적으로 하이데거가 말하는 현존재Dasein란 '거기Da 있음sein'이라는 의미이다. 즉, 현존재는 거기에 존재하면서 존재하는 가능성을 의미하며, 현존재의 본질은 바로 그의 실존에 놓여 있다. 이때의 실존성은 '세계-내-존재(Das in-der-Welt-sein des Dasein)', '더불어 있음(공동 현존재, Mitdasein)', 그리고 '처해 있음(상태성精狀性, Befindlichkeit)'과 '이해'의 실존의 범주를 갖는다. 즉 세계 내에 연결된 존재를 의미한다.

20. 존재자와 존재의 차이
1) 눈앞에 있는 책상이 존재자라면 그 책상이란 존재자의 존재는 인간으로부터 시작되는 사물성이다. 존재자는 자신에게 어울리는 존재를 향유하고 있다. 현존재란 자신이 어떤 존재인지를 자각하는 존재자를 의미한다. 이 세계와 관계를 맺으며 한시적인 생을 살아가는 실존임을 자각하고, 죽을 수 밖에 없는 운명인 것을 자각하는 것이 현존재이다.

쉽게 설명해보자. 망치를 생각할 때 망치라는 객체는 망치의 형태와 재료, 혹은 단순한 쓰임새로 생각한다면 그것은 존재가 아니라 단순히 존재자일 뿐이다.
하이데거는 존재자는 단순한 물질차원의 객체를 의미하고 나를 통해 그 물질이 어떠한 관계를 맺으면서 사용되느냐에 따라 그 존재자의 '존재' 의미가 생성되게 됨을 중시한 것이다.

'존재자'로 있는 망치는 인간으로부터 출발하여 무언가의 존재가 될 수 있다. 즉, 인간의 유익을 위하여 어떻게 쓰이는지에 대해서 판단하는 것이다. 이것은 기존의 데카르트적 사고와는 매우 다른 생각이다. **'나라는 인간의 존재를 통해서 의미를 획득하는 망치는 나라는 현존재와 어떤 관계의 존재자가 될 것인가'** 가 중요한 의미를 지니는 것이다.

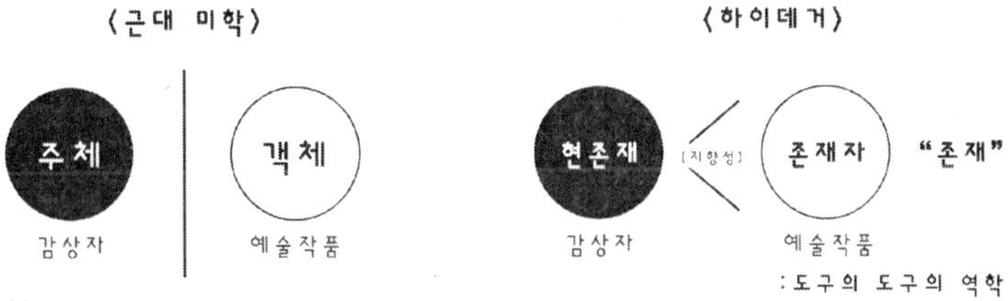

21

중고등학교 때 배웠던 김춘수 시인의 '꽃'은 다자인의 직접적 사례가 될 수 있다. "내가 그의 이름을 불러 주기 전에는 그는 다만 하나의 몸짓에 지나지 않았다. 내가 그의 이름을 불러 주었을 때 그는 나에게로 와서 꽃이 되었다." 라는 문장에서 볼 수 있듯이 하나의 존재자로서의 하나의 몸짓으로 인지되는 사물에 불과했던 꽃이 내가 의미를 부여하여 나와의 관계가 생겼을 때 비로소 나에게 존재로 다가오는 것이고, 생텍쥐페리의 '어린왕자'의 장미꽃도 마찬가지의 사례이다.

21. 근대미학과 하이데거의 존재자와 현존재의 개념

여기에 하나의 망치가 있다. 만약 데카르트적으로 망치를 생각한다면 망치는 하나의 물적 대상일 뿐이다. 즉 존재자일 뿐이다. 쇠 몇 퍼센트, 손잡이부분의 나무 몇 퍼센트 연결고리의 철물은 무슨 성분 몇 퍼센트 등등의 객관적, 물질적 연구대상 혹은 기능적 대상일 뿐이다. 그러나 현상학적 접근은 단순히 "나는 나, 너는 망치", "나는 주체, 너는 객관적인 대상인 객체" 라는 기존의 주체적 사고를 벗어버릴 수 있다. 현상학적 접근에서는 '나'라는 인간의 존재와 관계맺는 망치는 어떠한 관계가 되어야 할 것인가? 라는 지향성이 중요해진다. '칼knife'이라는 존재자는 선량한 나를 통하여 사고하고 쓰인다면 선량한 도구로 유용하게 쓰일 수 있을 것이다. 반대로 악한 사람이 사용하는 경우 끔찍한 결과를 가져올 수 있음을 알고 있다. 인간성과 휴머니즘에 입각한 존재와 존재자로서의 사고를 생각하면 세상의 각 주체들과 물질 및 객체들은 바람직한 쓰임새를 얻을 수 있을 것이다. 이러한 생각에서 기초한다면 도구의 이성화나 이성으로 인하여 생겨났던 많은 폐해들을 극복할 수 있는 방안이 생기게 된다. 이렇게 조그만 생각의 차이가 커다란 해결의 실마리를 제공할 수 있게 된다.

전통철학에서 인간이 객체를 바라보고 외부에서 다가가는 것을 중시했다면, 현상학적인 사유에서는 존재(외부의 객체)를 인간 내부로 향하는 존재의 사유를 만들어내어 실로 대단한 전환적 사고를 만들어낸 것이다. 그렇게 되면 우리는 '타자화' 되어 단순히 존재하는 것이 아니라 **'그 속에 거주dwelling'**할 수 있게 되는 것이다. 그런 의미에서의 세계-내-존재는 하이데거 사유의 핵심 중 하나이다. 그렇게 되면 인간은 '세계 내의 의미 있는 존재'가 될 수 있는 것이다. 도구적 이성에 의해 휘둘리거나 소외되는 존재가 아니라 현존재는 항상 도구를 통하여 자신을 배려하고 타인을 배려하는 관계로 변할 수 있다고 하이데거는 생각한 것이다.

이성의 도구화는 자아를 망각시키고 존재를 망각시키게 만드는 치명적 약점을 지니고 있는 이러한 상황을 바라보면서 하이데거는 **'불안Angst'**의 개념을 이야기 했다. 그것은 일반적인 의미의 공포와는 달리 '무無가 현존하고 있다는 불안' 즉 '죽음의 불안'을 이야기한다. 즉, 죽음을 지각함으로써 한시적인 자신의 한계를 뛰어넘을 수 있다고 생각했다. 모든 사람은 이 세상에 자신의 의지와는 상관없이 던져졌으며 죽음을 지각하는 가운데 살아가는 과정에서 어떤 방식으로든 세계와 소통해야 하는 존재이다. 하이데거는 시간의 한계 가운데 세계와의 관계를 지각하는 것을 중요시한다. 그래서 하이데거는 기술과 과학의 전제에 반대했다. 그의 생각은 시적인 언어로 '진리'에 좀 더 쉽게 다가갈 수 있으며, 그것이 시의 근본적인 역할이라 생각한 것이었다. 확실히 시의 언어는 단순하게 문장으로 설명하는 것을 초월하여 무언가를 포함할 수 있는 능력을 가지고 있다.

-시적 언어의 역할

하이데거는 시적 언어의 가능성에 집중했다. 과학적 언어는 대상화시켜 표현하는 공식화된 언어를 주로 사용한다. 이성적 판단의 언어는 설명적이고 객관적인 언어로 기술된다. 그러나 존재의 본질에 대해서 설명하는 것은 단순히 외적 현상을 기술하는 것과는 다른 차원의 방법론이 필요하다. 시적 언어가 필요한 것이다. 망치는 질료적, 염료적 물질로 구성되어 있다는 것을 설명하는 데에는 과학적 방식의 기술만이 있을 뿐이다. 그러나 그 망치가 나의 삶을 풍요롭게 만드는 무언가를 표현하는 데에는 시적인 표현으로 그 느낌을 생생하게 전달할 수 있을 것이다. 시적 언어는 이런 차원의 능력을 내포하고 있다.

그는 시적 언어의 역할이 물신주의와의 단절을 극복하고 지식과 진리의 대립을 극복하고, 시대의 본질적인 방향 상실을 극복할 수 있다고 생각했다.

그러나 한편으로 그를 비판하는 사람들은 현실은 냉정하고 복잡한 문제들을 내포하는데, 과연 시적 언어만으로 현실문제를 어느 정도까지 극복할 수 있을까에 대하여 매우 회의적인 시선을 보낸다. 시적언어의 가능성은 인정하지만 우리의 현실 생활에서 피부에 와닿을 정도로 실제적 효과를 줄 수 있는지에 대해서는 매우 의심하는 것이다. 하이데거의 사유 특성은 현상학적 방법론으로 접근한 존재의 철학으로 요약할 수 있으며, 세계를 자아의 의식 속에서 드러나는 것으로 이해(공통)할 수 있을 것이다.

이렇듯 하이데거의 사유는 후설의 사유에서 발전하여 근대 이성의 사유에 의한 이성의 도구화로 만들어진 폐해를 극복할 수 있는 사유를 제시하고 새로운 가능성을 사유했다는 점에서 철학사의 큰 족적을 남긴 철학자로 기억되고 있다.

2004 사르트르의 실존철학

22

사르트르는 실질적인 상황 내에서 자유로운 선택 혹은 행동을 포함하여 인간 존재에 대한 구체적인 탐구를 진행했다. 일반적으로 이러한 흐름을 '실존적 현상학'이라 부르고 있다.

현상학과 실존주의, 지각의 현상학, 몸 철학 등의 사고는 '나'라는 주체를 거부하지 않는 주체 철학의 계보를 잇는 사고체계이다. 이의 연장선상에 있는 사르트르는 매우 정치적인 인물이었다. 그는 마르크시즘에 우호적이었고 공산주의와도 친밀한 관계를 유지했다. 그는 마르크시즘이 생긴 이유는 분명 존재하며 자본의 폐해가 있고 자본적 순환체계가 힘을 얻고 있는 상황에서는 여전히 동시대의 철학으로 힘을 유지할 것으로 생각했다.

22. 사르트르의 초상

그를 이해하는데 대표적인 문장으로 **'실존은 본질에 선행한다.'** 라는 구호가 있다. 이 문장의 의미를 이해하기 위해 우리는 다음의 내용을 생각해 볼 필요가 있다. '인간은 이 세상에 혼자 던져지는 존재'이다. 자신의 의도와는 상관없이 우리는 세계에 던져진다. 한번 던져진 이상 어쩔 수 없이 인간은 이 세상과 관계를 맺고 스스로를 만들어나가야 한다. 여기에서 인간은 '무언가와 관계를 맺는다'는 점에 주목할 필요가 있다. 여기서 그는 세상에 나와 다른 사람들 혹은 무언가 외적 변수들과 관계를 맺어나가는 과정에 주목했으며 잊지 말아야 할 부분이 '자유를 누리되 책임이 따른다'는 점을 강조했다. 이것이 핵심이다. '책임이 있는 한계 속에서의 자유'를 인식하는 것은 이성의 힘과 이름으로 행동되었던 여러 가지 이성의 폐해를 극복할 수 있는 방안이었다. 자유를 누리되 방종해서는 안 된다는 것이다. 사르트르는 이러한 것을 '실존'이라는 이름으로 사유했으며 동시대인들에게 '행동하는 양심'을 촉구했다. 즉, 관념에만 빠지지 말고 '올바르게' '실천'해야 한다는 것이다. 즉, 책임있는 양심을 지니고 바람직한 방향으로 실천해야 한다는 것이다. '자신이 선택하고 그것에 책임을 지는 것' 그렇게 '행동'하는 것만이 현실을 긍정적인 방향으로 이끌어갈 수 있는 투쟁이 될 수 있다고 생각한 것이다. 그렇게 하기 위해서 사르트르는 정치참여를 통해서 현실을 극복해 나가야 한다고 생각했고 실제로 정치참여에 적극적이었다. 그러나 올바르게 목표를 설정하더라도 실천하는 세부적인 과정에서 그 올바른 목표를 성취하기 위해서 선택하게 되는 방법론에 있어서는 선택 사안에 따라 의도와는 다르게 원래의 목표를 훼손하게 되는 경우도 충분히 있을 수 있다. 특히 정치적인 사안이 그렇다. 모든 사람을 만족시키는 것은 불가능하다. 항상 역설적인 관계 속에서의 운영의 묘를 살리는 것이 최선이 될 텐데 실존주의에서는 올바른 목표는 존재했지만 구체적인 세부 행동방안의 차원으로 바라보면 천차만별의 의견들이 대립되는 것이다. 이 지점에서 실존주의는 한계에 직면하게 된다.

자연스럽게 실존주의는 이후 실존주의를 이끌어갔던 철학자들 간의 불화와 현실참여에 대한 이견 등으로 인해 힘을 잃게 되었다. 또한 실존주의는 현실과의 연결고리도 그다지 강하지 않다는 비판을 받았다. 사실 정치참여와 책임이라는 이름으로 행해지는 행위들이 시대와 상황에 따라서 다른 평가를 받을 수 있는 소지는 얼마든지 있을 것이다. 그런 면에서 실존주의 철학은 태생적으로 한계를 지닐 수밖에 없다고 이야기 할 수 있다.

주체 철학의 계보를 잇고 있지만 책임가운데 자유를 통해 이성의 폐해를 극복하고자 했던 행동하는 양심을 강조한 실존철학은 양차 세계대전 이후 철학계에 행동하는 지식인들의 운동으로 강렬하게 기억되고 있다.

사이버 시대의 지각의 문제

2005 메를로 퐁티의 사유체계

현상학의 대가로 현재까지도 매우 활발하게 담론화되고 있는 철학자로 메를로 퐁티가 있다. 오히려 그의 사유는 오늘날의 가상현실과 현상을 받아들이는 주체와 객체와의 관계가 더욱 모호해지는 상황 속에서 역설적으로 너욱 주목받고 있다.

우리는 데카르트적인 전통에 의해 대상으로부터 우리를 분리하는 데 익숙해 있다. 이른바 인간 중심주의 혹은 지성주의적 태도이다. 데카르트적 태도는 몸에 대한 생각없이 정신을 자기 자신과 완전히 현전하여 합치되는 것으로 간주하여 판단한다. 퐁티의 접근방식은 명석판명함 즉 명증성 내지는 의식의 투명성을 생명으로 하는 데카르트적인 철학적 사유를 정면으로 공격함으로써 근대의 모더니즘적 사유 체계의 기획을 부정한다.

메를로 퐁티는 인간의 지각知覺을 자연의 한 부분으로서 인식하며, 어떻게 지각이 구성되는지 또는 자연적인 세계에서 모든 것을 어떤 방식으로 받아들이는지에 대해서 탐구했다. 이것을 '자연주의적 현상학'이라고 부른다. 자연주의적이라는 것 자체가 데카르트의 천상천하 유아독존天上天下 唯我獨尊식의 사유와는 달리 나의 사유 역시 자연의 일부에서 오는 것이라는 관계를 중시한다고 볼 수 있다. 그럼으로써 데카르트의 이성중심의 사유를 극복하고자 했던 사유라는 것을 짐작할 수 있다.

23. 메를로 퐁티의 초상

현상학은 철학사상으로 발전했지만 모든 것의 본질에 대한 탐구를 위한 학문이라기 보다는 우리를 둘러싸고 있는 모든 '현상'에 대한 규명을 위한 일반론이라고 이야기하는 것이 더 정확할 것이다.

메를로 퐁티가 관심을 갖는 부분은 우리의 몸을 매개로 하여 세계와 어떻게 관계를 맺는가 하는 점이다. 관계를 맺는 기관 즉, 우리의 감각이 어떻게 세계와 반응하여 우리에게 다가오는가에 대한 부분이 중요한 사유주제이다. 그는 이러한 요소들이 어떤 방식으로 관계를 맺어나가면서 사유의 체계가 만들어지는지에 대해서 인간의 몸을 대상으로 실험을 통해 연구를 진행했고 현상학이 그랬던 것처럼 자연스럽게 근대 이후 이성의 폐해로 나타났던 절대적 이성의 도구적 특성을 비판하는 것으로 사유를 시작했다.

전통적으로 철학적 사유에서는 형이상학적 정신계가 물질 혹은 육체보다 더 중요하다는 암묵적이고 공공연한 믿음이 전제되어 있었다. 오랜 시간동안 너무나 당연한 것으로 여기고 그것에 대해 감히 반론할 생각을 하지 못했었다. 관념에서 내려와 실천함으로써 세상을 바꾸고자 했던 마르크스의 철학만큼이나 퐁티의 사유는 매우 설득력이 있는 것이었다. 인간의 관념 역시 우리의 신체를 통해서 사유하는 것이기 때문에 각 개체는 신체의 한계를 인식하고 그에 따라 인식하고자 하는 것이 중요하다는 것이다. 이렇게 퐁티는 과감하게 몸과 지각, 세계와의 관계에 집중함으로써 몸으로 경험하면서 체험하는 세계 속의 신체, 구체적 세계가 중요하다고 역설했다. 이점이 바로 퐁티 사유의 아이덴티티 라고 할 수 있다. 퐁티는 후설과 하이데거의 사유체계를 이어받아 극한까지 끌고 간 인물이라고 말할 수 있다.

인간의 지적 사유에 있어서 퐁티는 **'몸과 지각의 중요성'**을 강조한다. 철학분야는 그의 사유체계 이전에는 전통적으로 관념적인 분야였지만 그는 관념론과 생리적인 몸과의 관계를 연관시켜 사유함으로써 한계를 극복하고자 했던 것이다. 이로써 데카르트적인 사유의 외눈박이와 같은 부족한 부분을 극복할 수 있는 방안이 생길 수 있었을 것이다. 그는 의식이 지각과 분리가 능하다는 생각을 비판하고 육체를 분리시킬 수 없다는 점을 주장할 수 있었으며 몸의 체험을 통한 사유를 중요시했다.

여기서 우리는 그의 철학이 후설의 판단중지 및 현상학적 환원의 사유의 계보를 잇고 있다는 사실을 확인할 수 있다. 일단 판단을 중지하고 우리의 몸을 중심으로 하여 받아들여지는 감각과 정보를 종합적으로 판단해서 정확한 판단을 하면서 사유하자는 것이다. 그러나 그는 한단계 더 나아가 생산적 요소까지 포함시켜 사유를 진행시켰다. 그는 이러한 사유체계를 **'지각의 현상학'**으로 명칭했다.

예를 들어보자. 우리가 과연 이성적으로 생각하는 것이 하루 동안에 몇 시간이나 될까? 다시 말해 의식이 또렷한 상태에서 일을 처리하는 시간이 과연 몇 시간이 될 수 있을까? 아침에 일어나 학교나 직장에 올 때까지 과연 우리의 의식이 있는 상태일까? 필자의 경험상 회사에 출근하여 커피 한잔 마시고 나서야 비로소 또렷한 의식으로 전환되어 업무를 시작하는 경우가 많았다. 점심을 먹고 몽롱한 상태에서 작업하는 시간 역시 또렷하고 명료한 의식의 시간이라고 생각하기 힘들다. 당연한 이야기이지만 지각은 우리의 뇌, 몸, 감각기관과 뗄래야 뗄 수 없는 관계이다. 이렇듯 의식이 명료한 상태에서 사고하는 전통적인 서구철학과는 달리 메를로 퐁티는 인간의 지각과 관련된 부분을 사유하는 것이다. 이른바 몸과 관련된 사고체계를 사유하는 것이다.

의식이 명료한 상태에서 행해지는 '과학'은 실증주의적 학문이고 무언가를 압축하여 기호화시켜 표현하는 학문이다. 일단 과학적으로 기호화되면, 적어도 과학분야에서 이것의 예외는 있을 수 없다. 복잡한 아인슈타인의 상대성이론도 간단한 수식으로 대표된다. 자연현상을 규정하는데 있어서 이러한 규칙과 기호의 예외는 있을 수 없다. 그렇기 때문에 그것은 일견 폭력적이라고도 볼 수 있다. 한편으로는 기호에 의존한다고 표현할 수 있다. 이러한 사유는 자연현상의 일부만을 표현할 수 있을 뿐이다. 자연과의 관계를 표현할 수는 없다. 따라서 외눈박이와 같은 사고로 말할 수 있는 것이다.

그러나 정확하다고 생각하는 인간의 감각기관과 과학은 사실 믿을 만한 것이 많지 않다는 것을 깨닫는 데에는 오랜 시간이 필요하지 않다. 예전에 과학적 진리로 생각되던 많은 것들은 새로운 과학적 사실에 자리를 내주는 경우도 많이 발견되며 역사적으로도 그러한 많은 사례들을 우리는 경험해 왔다. 또한 인간의 감각기관은 매우 부정확하거나 능력이 떨어진다.
이처럼 우리의 눈과 귀, 코 등의 감각기관은 다른 동물에 비해 부정확하거나 능력이 현저하게 떨어진다. 독수리의 눈, 개의 후각 등은 말할 필요도 없이 매우 발달되어 있어서 상대적으로 인간의 능력은 현저하게 떨어지며 귀도 인간이 감지할 수 있는 영역을 넘어선 소리를 들을 수 없다. 다른 동물은 감지할 수 있는 소리를 듣지 못하는 경우가 그 예이다. 실제로는 같은 선이 길이가 다르게 보이거나 휘어져 보이는 실험을 보고 사람의 눈이 얼마나 부정확하다는 것에 대한 생각이 바뀌는 경험이 있을 것이다.

퐁티는 여러 가지 실험을 통해서 사람의 감각기관이 얼마나 부정확하고 여러 가지 상황에 따라 다른 판단을 내리게 되는지에 대해서 직접 실험하여 인간의 감각이 얼마나 부족한 것인가에 대한 결과를 설명한다. 이를 통해서 그는 근대의 이성중심적 사고를 근본적으로 비판했다. 이것은 데카르트 이후의 계몽적 사유가 실제적인 삶의 체험의 세계에서 느낄 수 있는 주관적인 것까지도 지배하거나 무시하는 것을 철저하게 부정했다고 폭로하는 것이다.

우리가 감각기관에 의존하여 판단하는 것이 진리라고 생각할 수 있지만 사실은 그렇지 않을 수도 있다는 역사적 선례들로 인해 기존의 사유의 질서 및 관례가 여지없이 무너지게 된다. 그는 기존의 합리적 질서의 사유체계 보다는 오히려 주관적인 체험을 통해 종합된 사고가 더욱 중요하다고 생각했다. 그것은 무언가 성급하게 판단하거나 대상화하여 객관적이라는 이름 하에 부정확한 판단을 하지 말고 종합적으로 경험한 이후에 통합적으로 판단하자는 것이고 이것이 현상학에서 중시하는 의식의 종합으로 나타났다.

그는 삶의 구체적인 체험을 통해 통합적인 과학적 지식과 경험의 세계를 만들어낼 수 있다고 강조했다. 이 내목에서 강하게 현상학적인 가능성이 열리는 것을 느낄 수 있다. 이렇게 정반대로 사유해도 전혀 문제가 될 것 같지 않을 만큼 그럴 듯하게 느껴질 것이다. 철학은 이런 학문 분야이다. 세계관에는 절대적인 정답이 있을 수 없다. 다만 기존의 사유의 한계를 넓히고 풍부하게 만드는 것이다. 세계를 이해함에 있어서 더 넓고 깊게 바라볼 수 있도록 만들어주는 것이다.

퐁티는 운동감각의 실질적 '아프리오리a priori 2)'가 몸과 세계관계를 관통하여 이어져 있다는 표현을 즐겨 사용한다. 그는 우리가 몸을 통해서 나와 세계의 접촉면과 경계면들의 상호작용을 이루고 있다고 생각한다. 아무리 선험적인 지식이 있다고 해도 개별적으로 세계와 맞닥뜨려 경험하면서 새로운 깨달음으로 나아갈 때만 진정한 사유가 될 수 있다고 생각한다. 퐁티는 선험적 지식이라고 하더라도 판단을 중지하고 경험하면서 채워가는 것이 중요하다고 역설한다. 이 또한 후설의 사고를 이어가고 있는 것이다.[3)]

2) 일반적으로 선험적이라고 해석되는 철학용어로 경험과 독립하여 무매개적으로 존재하는 그대로 부여하는 "인식의 방식"과 "그 지향적 대상의 소여방식"을 가리킨다. 현상학에서의 개념은 인식인 직관이라는 인식 능력에서 경험에 선행하여 무매개적으로 본질을 파악할 가능성을 발견하는 의미이다. (현상학사전, 2011, 도서출판 b 부분 인용)

3) 2006년 철학아카데미 겨울강좌 메를로 퐁티 그 이후 유인물 부분 인용

–살Flesh의 존재론

위에서 살펴보았듯이 현상학, 실존주의, 몸 철학 등의 사유체계는 주체를 중시하는 주체 철학의 계보를 잇고 있지만 구조주의적, 계몽주의적, 변증법적 사고체계 등의 합리주의적인 철학과는 달리 주관적인 '주체성'을 중시하는 흐름을 이어나갔다. 퐁티의 존재론은 우리가 소위 객관적이고 과학적인 지식만으로는 판단하기 힘든 삶의 영역까지도 같이 사유하여 폭을 넓히려고 했던 사유라고 말할 수 있을 것이다.

몸 철학, 더 적나라하게는 살flesh철학을 하는 사유는 감각하는 자와 감각되는 것이 구분되지 않는 지경을 지칭하는 존재론적인 개념이다. 조광제는 이에 대해 다음과 같이 언급한다. "이성이 신봉되는 이성과 대상이 철저하게 분리되어 사유하는 체계와는 달리 이 사유는 주체와 감각 세계가 상호 소통하면서 누가 누구인지 알 수 없을 정도로 하나가 되는 경지를 통해 경험하고 사유하는 체계로 탄생되었다." 앞서 살펴본 괄호치기를 넘어서서 완전히 화학적으로 융합하는 지경에 이르는 것이다. 즉, 몸 철학은 세계적인 영역까지 포함시켜 관념적인 것을 넘어서거나 초월하는 영역까지도 끌어안으려고 하는 것이다.

이를 위해 그는 유기체의 존재방식 혹은 생존방식을 연구했다. 유기체는 위험한 상황이 있으면 본능적으로 그 위험을 피하거나 자리를 피해간다. 정신도 마찬가지로 환경에 반응하면서 반성적으로 사유체계를 만들어낸다. 단순히 생각의 생각을 거듭하여 사유체계가 발전한다기 보다는 몸, 지각, 세계의 반응을 통해 유기체적으로 반응적으로 사유체계가 발전해 나간다고 생각한 것이다.

따라서 퐁티에게 있어서 순수 지성의 개념 역시 유기체적으로 반응하여 나

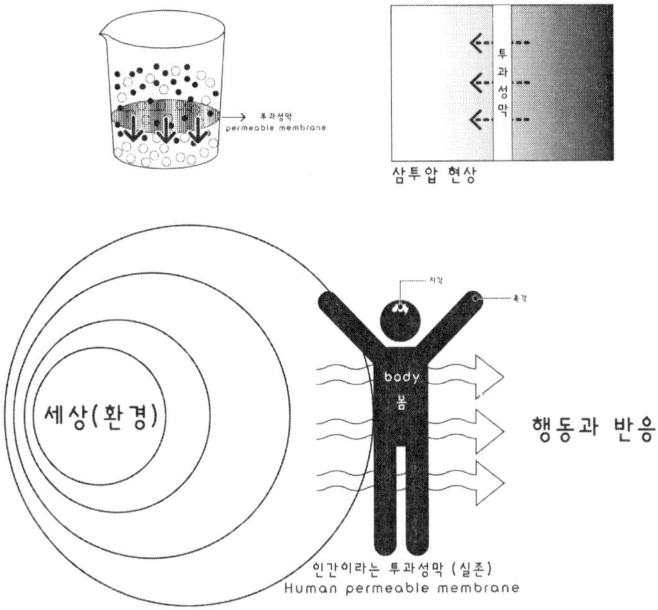

24

타난 것이라고 생각한다. 결국 그는 모든 철학의 세계인 경험론과 합리론 혹은 순수감각과 지성으로 이루어졌던 선험철학의 요소들 모두가 허구적인 것이라고 비판하기에 이른다. 그의 사유는 인류가 만들어 놓았던 많은 사유 체계들이 결국은 몸과 환경의 반응 산물이라는 점을 명확하게 지적한 것이라고 할 수 있을 것이다.

메를로 퐁티의 현상학에서 전제가 되는 부분은 내가 속한 세계가 이미 존재한다고 생각한다는 점이다. 인간의 몸과 세계는 서로 분리할 수 없는 하나의 거대한 몸이다.[4] 몸이 세계 속에 거주함을 이야기 하고 있는 것이다. 거주하는 것은 현상학에서 친숙한 개념이다. 앞서 살펴보아 친숙한 하이데거의 '세계-내-존재'의 거주개념이 생각날 것이다.

24. 삼투압 과정과 인간의 몸으로서의 삼투작용, 차종헌 일러스트
4) 조광제, 몸의 세계, 세계의 몸, 이학사, 2004, p143

퐁티는 몸과 세계가 하나가 되기 위해 적응하면서 세계 속에 일정형태로 받아들여 자기 내부에 구조화시켜 소통한다고 생각했다. 몸이 세계를 향해 나아가고 몸은 세계의 법칙과 구조에 적응하여 세계의 법칙을 몸의 내부에 구조화시키는 과정을 통해서 서로 상호작용을 하고 몸과 세계가 하나가 되는 과정을 사유한 것이다.

동, 식물과는 달리 인간은 어떠한 불리한 환경에 맞닥뜨리게 되면 피하기도 하지만 때로는 환경을 바꾸려고 노력하기도 한다. 이 작용은 몸이 세계와의 상호작용을 통해 자기 자신에 세계의 구조를 내적 구조화시키는 과정이라고 생각할 수 있다. 그러나 몸은 바꾸는 작용을 하기도 하지만 그것이 불가능할 때에는 몸 자체를 순응시켜 몸 자체를 변화시키는 과정을 수행하기도 한다. 이 과정을 생각해보면 역시 몸은 세계가 마치 하나의 몸과 같이 서로와 서로가 연결되어 있다고 생각할 수 있을 것이다. 군대의 우스개 소리로, 신병이 지급되는 군복의 크기가 너무 커서 안 맞는다고 하소연하자, 기관병이 그러면, 네 몸을 군복에 맞추라고 호통을 쳤다고 한다. 군대에 처음 입대하면 모든 것이 낯설고 옷도 잘 어울리지 않아 정신적, 육체적인 고통이 따른다. 그러나 많은 고통을 감내하며 적응하다 보면 점점 군인다워지고 군복도 잘 어울리게 되는 경우가 많다. 결국 군대에서 벌어지는 다양한 행태라는 것들이 외적 변수라고 한다면 우리의 몸은 그러한 상황에 적응하여 어떻게든 살아갈 수 있도록 상호 소통과정을 통해 반응하여 적응시키는 것이다.

이처럼 퐁티의 사유를 살펴보면 인간의 사유 자체도 외적 변수에 몸을 통해 행해지는 정신이 반응하여 나온 것에 불과한 한계가 있다고 결론짓고 있다. 인간의 사유는 기존의 상아탑에서 교수나 철학자들이 행하는 고상한 것이 아니라는 것이다. 인간의 몸을 중심으로 세계와의 상호작용을 통해 정신적(몸적) 산물을 내놓는 것이 여태까지의 정신계 산물이라는 것이다. 끊임없는 상호작용은 우리의 몸이 마치 삼투압을 하게 하는 막처럼 세상의 외적 변수에 반응하여 반작용으로 특정행동을 하게 만드는 것에 지나지 않는 것이다. 몸과 세계는 끊임없는 상호 정보의 교환작용, 상호작용을 통해서 과학적이거나 실증적인 내용만으로는 파악할 수 없지만 세계로 눈이 떠지게 될 것이다. 메를로 퐁티는 이러한 세계를 참다운 세계라고 생각했고 이것은 과학과 이성을 신봉하는 이성주의적 세계관에 엄청난 파장으로 다가왔다.

하이데거 식으로 말하면 인간은 물음을 던지는 '존재자Dasein'이고, 동시에 '세계-내-존재'이면서 동시에 세계를 향해 나아간다. 몸을 통해 세계와 반응하며 새로운 상황을 만들어간다. 몸을 동해 지각하고, 실천하고, 경험하면서 세계에 의미를 부여할 때 세계-내-존재로서 '존재가치'를 획득하게 된다. 그렇기 때문에 퐁티는 두 가지 모순된 성질을 가진 세계에 주목했다. 이미 구성되어져 있는 세계에서 살아왔던 자신의 신체는 지금 현재 새로운 현상과 사물을 만나면서 반응하고, 끊임없이 변화하면서 새롭게 구성되고 있는 세계다. 몸과 사물은 감각한다. 보이거나 촉각적인 것이 존재하는 것이다. 퐁티에게 언어 역시 세계와 관계를 맺는 행위이며 수없이 많은 세계의 사물과 현상 가운데 일부를 자신의 신체와 함께 관계를 맺으면서 물질적 이미지를 불러일으키는 것이다.

변증법적 세계관과 이성주의는 나와 객체를 분리시켜 생각하는 것이 문제였다. 그러나 메를로 퐁티는 나와 다른 사람 혹은 세계를 생각하면 육체와 정신이 분리된 것이 아니고 상호작용하고 있는 것이라는 근본적인 차이를 강조한다. 나와 다른 사람 혹은 세계는 주체와 대상의 관계가 서로 교환되면서 상호작용을 하게 되는 것이다.

위에서 살펴본 바와 같이 메를로 퐁티는 현상학적 사유체계의 전통을 이어가면서도 지각과 몸의 관계를 사유함으로써 후설과 하이데거 및 사르트르와는 다른 종류의 철학적 영역을 구축했다. 주체와 객체의 의도적 분리와 이성의 신봉을 통해 나타났던 이성의 폐해들을 극복할 수 있는 현상학 분야에서 새로운 사유체계를 펼친 것이다. 현상학적 사유체계의 흐름을 살펴보면 일관되게 이성의 폐해를 극복하고자 하는 흐름을 감지할 수 있다. 오늘날 철학계 뿐만 아니라 건축계에서도 메를로 퐁티의 사유체계가 재조명되며 활발하게 담론화되고 있다. 주체와 객체의 순환구조를 벗어나지는 못했다는 단점이 있지만 몸이라는 개념을 도입하여 세계와의 관계를 어떻게 가져가야할 것인가의 문제와 지각이라는 것과 세계를 어떻게 연계시켜 생각해야 하는가에 대해서 최초로 사유했기 때문이다. 이 사유가 오늘날 중요한 이유는 컴퓨터와 웹의 발달로 사이버공간이 급속도로 발전하고, 일상화되어 있는 상황에서 지각과 현실과 몸의 반응이 어떠한 관련을 맺고 있는가가 새롭게 중요한 화두가 되고 있기 때문이다.

자신의 몸에 대한 경험은 다의적 실존의 양상을 드러낸다. 지금의 자신의 신체는 과거의 나, 현재, 미래의 나가 포함되어 있기 때문에 살아온 모든 날이 응축된 잠재된 나의 존재로 표현할 수 있으며 한 인간의 삶은 그 몸의 두께로 달리 말할 수 있다. 감각적인 세계는 절대적인 존재가 아니라 그 안에 균열이 있다고 한다. 주체가 생각하는 것이 명증했다고 생각하지 않고, 농도가 낮아지면서 불투명하고 객체인 사물의 세계에 들어갈 수 있도록 경계가 허물어지고 몸으로 느끼는 주체와 객체가 서로에게 뒤섞여 연결되는 끊임없는 파동의 세계를 퐁티는 사유한다. 퐁티는 명증함을 추구하는 지성적 의식으로써는 도저히 도달할 수 없는 감각적인 살 존재론을 주장하는데 여기서 살과 등치되는 감각 덩어리는 무한정한 파동의 덩어리이고, 이 무한정한 파동의 덩어리는 그 자체의 점액성이 강한 두께로 응집되어 흐르는 상황을 사유하는 것이다.

우리는 세계에 던져져서 어쩔 수 없이 세상과 관계 맺으면서 살아나가야 하는 실존이다. 우리는 인간이라는 어쩔 수 없이 한계를 지닌 신체를 가지고 세계를 이해하며 살아나간다. 우리의 신체는 세계와 나의 삼투압과 같은 막이며 여기에 많은 것들이 투과되면서 경험되고 판단하게 된다. 그 가운데 이성의 폐해로 벌어지는 다양한 요소들을 극복할 수 있는 가능성이 생기게 된다.

2006 사이버공간과 지각의 현상학

요즈음은 컴퓨터 네트워크 환경 없이 사는 것을 생각조차 하기 힘든 세계가 되었다. 2000년대를 전후로 하여 네트워크환경에 따른 혁명적 변화는 일일이 나열될 수 없을 정도로 우리 생활 깊숙이 파고들어 일상에 도움을 주고 다른 한편으로는 지배하기도 한다. 데스크탑으로 하루 종일 회사에서 업무를 진행하고도 현대인들은 이동시간과 집에 머무는 시간조차 스마트폰과 태블릿PC로 시공간의 제약없이 네트워크화된 세계에서 네트워킹 상태로 살아가고 있다. 현상학과 관련하여 우리의 신체는 전통적인 세계와 가상의 세계에 접하여 살고 있지만 가상세계는 더 이상 가상세계에만 머무는 것이 아니라 현실세계에 막강한 영향력을 미치고 있는 현실을 어떤 방식으로 받아들여야 하는가가 매우 중요한 문제가 되고 있다. 이 문제는 동시대를 살아가는 우리에게는 매우 중요한 화두이며 이에 대해 많은 논의가 이루어지고 있다. 이러한 현실과 빠른 변화양상은 계속해서 진행되고 발전하면서 우리 생활에 지대한 영향을 미치고 있다. 그래서 사이버공간 문화와 지각의 현상학과 관련된 신체와 지각의 문제는 오늘날 사회문화 전반에서 핵심적인 화두가 되고 있다. 이런 현상으로 인해 그가 활동하던 시기와 비교적 많은 기간이 지난 오늘날에도 퐁티의 사유가 재조명되고 있는 것이다.

고든 파스크Gordon Pask는 『사이버네틱스의 건축적 연관성 The Architectural Relevance of Cybernetics』(1969)"에서 인공적인 기계와 자연시스템에서의 생태학과의 관

련성에 대해서 담론을 제시했다. 그가 강조하는 내용은 다음의 두 가지 인데,

첫째, 대화 이론에서 "모형화"와 "학습"과 "인식"의 능력을 제공한다는 것.
둘째, 환경이나 기계를 통해 계속해서 인간에게 다시 돌아오는 순환체계로서의 인간을 제시했다. 여기서 "상호작용"이란 이야기 하거나 춤을 출 때 서로를 이해하는 것을 의미하는 것이다. 사이버네틱스는 피드백이나 적응, 학습, "자기조직화"에 의해 정보의 통제의 흐름이 많은 것들을 받아들인다. 피드백의 순환체계, 상호작용이 중요한 키워드는 자연스럽게 몸 철학의 삼투작용과 같은 접촉면과 많은 연관성을 가지고 있다.[5)]

사이버공간은cyberspace 모든 국가의 수십 억의 조작자들에 의해 매일같이 합의를 통해 성립되는 거대한 환영을 말한다. 추상화된 데이터와 그래픽의 재현, 생각할 수 없는 복잡성, 데이터의 군집, 사이보그Cyborg 인류학을 지칭한다. 이러한 예를 예견한 소설이 윌리암 깁슨William Gibson의 공상과학소설 『뉴로맨서Neu-Romancer』(1984)에서 기원이 되었다.
가상현실virtual reality은 소프트웨어나 컴퓨터에 의해 야기된 가상의 공간(합의된 환영)이며 가상현실의 특징은 다중 감각을 경험하게 되며 우리의 감각기관은 마치 자신이 다른 세계에 와있는 것 같은 착각에 빠지게 만든다. 사이버공간은 어떠한 공간에도 속해있지 않는 것(내용은 있는데 없는 것처럼 재현되는 현상을 컴퓨터 도메인 내에서 경험한다는 주장)이지만 현실과도 밀접한 관련성을 맺게 된다. 대부분의 사람들이 스마트폰으로 네트워크화되고 자연스럽게 가상공간 속에서 대화하고 많은 일들이 상호교류되면서 작업이 이루어지는 현대적 일상을 생각하면 가상공간(실재하지 않는 현실)과 현실의 관계속에서의 경험을 어떻게 사유해야 할 것인가는 중요한 문제가 아닐 수 없다. 물론 사이버 공간 속에서의 경험은 단순 정보의 이동이라고 보는 시각도 있다. 그러나 명백히 네트워크로 이루어진 상호 피드백과 상

5) 코디최, 20세기 문화지형도, 컬처그라피, 2010, p249 부분 인용

호교류 가운데 이전의 형식과는 다른 경계면이 만들어지고 그것이 물리적으로 다른 형식의 변화를 만들어나가고 있다는 점에 주목할 필요가 있다.

사이버공간은 인간의 몸이 중심이 되어 상호교류하고 소통하면서 지각의 경험을 만들어나가는 세계이며, 그 자체가 지각의 현상학의 개념과 일치되는 면이 많다. 뿐만 아니라 이것이 현실에 여러 가지로 강력하게 영향력을 행사하고 있기 때문에 중요하게 이슈화되는 것이다. 때로는 현실보다도 더욱 무서운 통제력을 발휘하는 공간이 사이버공간이기도 하고 또한 현실의 통제력을 와해시키는 전복적인 움직임이 활발한 공간이기도 한 양면적 특성을 보인다. 사이버공간은 일종의 정보의 매체이기 때문이다. 또한 이러한 장소는 토론과 합의 및 의견수렴이 일어나는 공론의 장소가 되기도 한다. 물론 조작과 여론몰이의 전체주의적 특성들도 개입되면서 하나의 힘의 대결 장소가 되기도 하는 장소가 바로 사이버스페이스이다.

이렇게 인간의 몸을 통합 접촉면과 경계면, 혹은 감각의 영역이 사이버스페이스 등의 공간을 통해서 확장되거나 다른 감각적 경험과 연계되면서 우리의 지각은 새로운 차원을 경험하고 있다. 이런 점에서 사이버스페이스와 관련하여 메를로 퐁티의 사유가 현대에서 중요시되고 있다.

인간의 몸은 삼투압 작용을 하는 중간 매체라고도 볼 수 있다. 우리의 신체는 끊임없이 외부환경으로부터 자극이나 정보등을 받아서 반응하게 된다. 우리의 신체는 이러한 자극과 감각을 기억하고 일정 부분을 학습함에 따라 그것에 자동적으로 일정한 반응을 하기도 한다.

현상학은 대상화하여 물질을 탐구하는 것이 아니라 그 물질의 본질에 접근하는 태도이다. 그래서 어떠한 대상화된 물리적 연구를 지양하고 경험의 종합을 통해 참다운 앎과 존재의 본질에 다가서는 노력을 해야 한다.

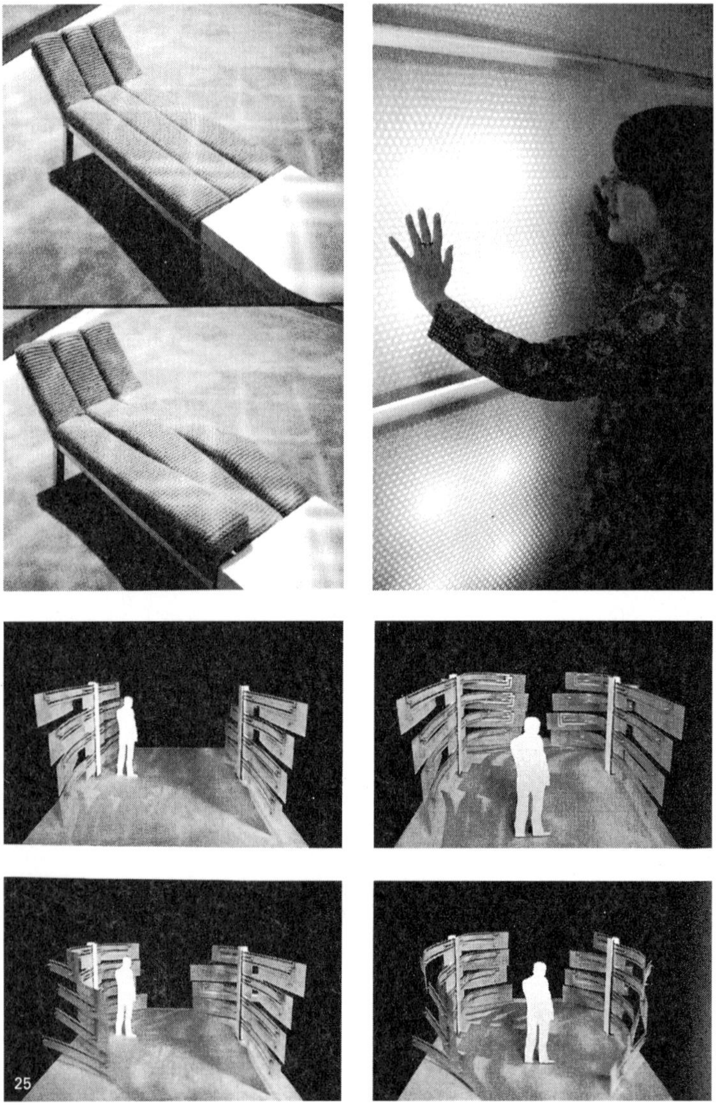

25. 인터랙티브 디자인과 신체의 감각

지역주의 건축의

PART 2

기억 및 감각의 건축

건축분야의 현상학 관련 영역

1권에서 우리는 서구 이성적, 합리적 역사에서 보여왔던 특성들에 대해서 살펴보았다. 이것은 흔히 건축분야에서 장소성을 언급할 때 자주 등장하는 개념이다. PART Ⅱ 의 중점주제는 합리적인 것보다는 주관적인 결정과 느낌과 감성을 중시하는 현상학과 실존주의, 지각의 현상학(몸 철학) 등의 계보에 대해서 살펴보는 것이다. 이후 주관적인 부분의 사유체계가 어떤 방식으로 이루어지며 발전해 나가는지에 대한 인식을 기반으로 하여 건축분야에서 현상학과 몸 철학 등과 관련된 건축적 표현이 어떤 방식으로 이루어지는지에 대해서 살펴볼 것이다.

현재 현상학과 실존주의 그리고 몸 철학과 관련되는 건축적 부분은 다음의 키워드와 같다.

- 풍토건축vernacular architecture, 지역주의regionalism , 컨텍스튜얼리즘contextualism (지역을 기본으로 하는 옛 기억과 조상의 지식이 녹아들어 가 있는 공간 및 표현)
- 장소의 특성(장소성)을 중시하는 건축
- 공간의 시학詩學과 같은 태도
- 기억을 매개로 구축되는 건축
- 신체적 경험을 중시하는 건축, 움직임 가운데 경험하게 만드는 건축, 수용미학적 태도

- 몸과 관련된 부분이 존재하는 건축(공, 감각적 건축)
- 비판적 지역주의(케네스 프램프턴)
- 사이버공간과 몸 철학의 관련분야와 건축적 경험
- 지각, 경험을 중시하는 건축흐름

등의 건축적 흐름이 있다.

2007 하이데거의 축조와 거주개념

현상학과 관련해서 건축적으로 우선 생각해보아야 할 개념들이 있다. '구축build'과 '거주dwelling'의 개념이 그것이다.6) 이것은 하이데거가 생각했던 개념이다. 하이데거는 존재와 존재자와의 개념을 주창하면서 시적詩的 해결방법이 이성의 폐해적 사고방식을 극복할 수 있는 방법이라고 믿었다.

하이데거가 거주의 정의할 때 거주한다는 것은 대지 위에 있는 것on the Earth 이며 이미 하늘 아래Under the sky에 있다는 것을 의미한다. 이미 우리는 대지와 하늘과 관계를 맺고 있다는 것이다. 앞서 살펴본 친숙한 키워드인 '세계-내-존재'이다. 인간은 세계 속에 홀로 던져져서 싫던 좋던 관계를 맺어 나가게 되며 대지와 하늘 사이에between에 존재하는 것을 세계라 부르며 세계는 인간이 거주하는 집이라는 측면에서 사이 공간에서의 연관관계를 중시한다. 인간이 거주하게 될 때 세계는 내부inside가 될 수 있는 것이다. 건축과 관련하여 자연은 확장된 포괄적인 총체성이며 장소이다. 경관landscape은 실존과 연계되어 인식되는 요소로 중요하다.

건축분야와 관련된 부분을 생각해보면, 하이데거가 관심을 가졌던 부분은 건축의 '구축적' 측면이다. 건축은 거주하는 공간을 생산한다. 카치아리는

26. 하이데거의 초상
6) Michael Hays 편저, 1968년 이후의 건축이론, Masssimo Cacciari, 유팔리노스 또는 건축, 봉일범 역, 2003, p522

건축은 완벽하게 예술이나 공예라고 말하기에 부적합할 수 있지만 무엇인가를 현재 존재하고 있는 것 내에서 나타내도록 만드는 것을 지칭하는 기술Techne이라는 그리스 단어로 시작되는 분야임을 언급했다. 건축은 무엇인가를 생산하고 또한 생산이 되어 무엇인가가 존재하도록 이끄는 것이라면, 결국 짓는 것을 의미할 것이다. 무엇인가가 존재하도록 하는 축조, 짓는 것(축조築造)build에서 사유는 시작된다. 여기에서 '무엇인가가 존재하도록' 에서 이 '무엇'이 바로 거주dwelling이다. 거주는 사람과 장소간의 총체적인 관계를 의미한다. 하늘과 사이에서 거주하는 것은 다양한 중간물multifarious in-between 속에 정주settle한다는 것을 의미한다.

'거주'는 구축해서 당연히 거주할 수 있는 가능성이 생기는 것이 아니라, '구축의 행위'가 '존재'가 되도록 생산해 놓은 것이다. 물리적 집이라는 존재자가 아니라 '존재가 될 수 있는 행위'를 통해 장소가 되게 해야 한다는 것이다. 다시 말해, 우리가 기능에 따라서 무작정 집이나 방을 지어놓고 '들어가서 살아라' 하는 개념이 아니라 처음부터 거주자를 생각하여 '어떻게 지어서 어떤 삶을 영위할 수 있도록 해야할 것인가', '거기에서 거주할 사람의 특성을 고려하고 거주하면서 어떻게 행복한 삶을 영위하게 할 수 있을까'를 먼저 고려하는 태도이다. 어떻게 해결할 수 있을까를 생각할 때 그 거주자라는 존재와 일치하는 존재자로서의 거주공간을 만들 것인가가 중요해진다(괄호치기). 이런 방식으로 계획하고 구축한다면 전자와는 매우 다른 결과물이 될 수 있으며 이것이 진정한 의미의 거주dwelling의 개념으로 발전될 수 있다고 그는 생각한 것이다. 이것은 데카르트적인 태도가 아니라 나라는 존재가 거주할 수 있는 공간으로 지향성이 생기는 관계를 의미하는 것이다.

'짓는다'는 것은 원래 한 장소에 머물러 있다는 뜻을 가지고 있기도 하다. 정주定住한다는 것은 그 속에 나라는 존재가 있다고 가정하여 생각한다. 내가 생각하고 나와는 다른 사물을 짓는 것이 아니라 이미 짓는 행위를 하기 이전에 **'나라는 존재를 같이 묶어서 사고'**하는 것이라고 할 수 있다. 이른바 주체와 객체를 동시에 분리하지 않고 묶어서 생각하는 것이다. 앞서 살펴본 후설의 '괄호치기'가 생각날 것이다. 이러한 방식을 실현시키는 것은 단순히 내가 주위의 것과 동떨어진 것을 짓는 것이 아니라, 사계절 속에, 땅 위에, 그리고 하늘 아래 신들 앞에, 그리고 인간의 공동체 안에 존재하는 것으로 가정하여 계획하는 것이다. 이것은 데카르트와는 다른 생각임을 알 수 있다. 거기서 생각하고 있는 나는 혼자 독립적으로 존재하는 것으로 가정한다. 그러나 이러한 사고는 세계와 다른 존재들 사이의 관계 속에서 존재하는 것을 전제로 한다. 이것은 전자와는 매우 다른 차이이다. 이렇게 함으로써 하이데거는 건축분야에서 주체와 객체를 의도적으로 분리하여 사고하는 것을 극복할 수 있는 방법론이 될 수 있다고 생각했다.

이것은 항상 존재와의 연계성을 생각하는 태도이다. **'(장소)~에 산다to reside'**는 의미는 스스로를 보호 해주는 피난처shelter에서 사는 것만을 의미하는 것이 아니라 살면서 경작은 물론이고 사계절의 요소들 사이를 이어주는 **'다리bridge'**를 건설하는 것을 의미한다. 다리bridge는 사건case과 힘power이라는 강물 위에 걸쳐져 있다. 이것은 서로를 가로지르도록 의도된 것이다. 한쪽 경관에서 다른 쪽의 경관으로 확장되는 것이다. 노버그 슐츠는 **'상징화란 경험된 의미가 다른 매개체속으로 옮겨가는 것translated을 의미한다.'**고 말했다.[7)]

이것은 단순히 만들고 축조하는 것만은 진정한 의미의 건축(주거)이 아니라고 생각하는 것이다. 우리 자신에게 짓는다는 것, 집, '건축은 무엇인가' 혹은 '무엇이 되어야 하는가' 를 다음과 같은 상황에서 되물어야 한다는 것이다. 1권에서 언급했던 무언가 폭력적 구석이 있었던 주체와 객체가 분리된, 혹은 대상화시킨 사고방식과는 많은 차이가 있는 것을 알 수 있다. 이 당시 서구 사상은 존재being를 현존으로서 다루고 있다. 앞서 살펴본 바와 같이 대상을 객관적으로 기술하는 것은 일반 언어로 가능하다. 그러나 존재자를 존재로 인식하도록 만들기 위해서는 무언가 다른 차원의 시적 언어가 필요하다. 그

7) 노베르그 슐츠, 장소의 혼, 민경호 역, 태림문화사, 2001, p24

러한 시적 언어만이 존재를 인식할 수 있게 만들 수 있다.

건축비평가 카치아리Cacciari는 다음과 같이 쓰고 있다.
'거주를 가능하게 하는 구축방식'은 '시적詩的'이다. 집을 짓는다는 것은 시를 짓는 것이다. 그 행위는 '생성poesis'이다. 시를 쓴다는 것의 본질은 하나의 운율을 만든다는 것이다. 비거주는 대도시에서의 삶을 특징짓는 핵심적인 요인이다. 공동체gemeinschaft를 은폐하고 신화화하는 단순한 외양으로 판단하는 것 이상으로 뒤따르고 있는 것이다. 우리는 자본주의의 거대도시가 번성하는 곳이면 어디에서나 투기라는 흡혈귀를 볼 뿐이다. 거대도시의 규율의 기능적인 복수성이 마침내 그것의 모든 모순된 가치들을 자유롭게 하는 곳이면 어디에서나 사회적이고 정치적인 분열을 본다. 다시 말해 그것은 계급 구성이 변형되고 이익사회의 다양한 정치적 조직이 등장하는 곳이라면 어디에서나 시적인 거주를 위한 개인들의 고독과 향수를 본다.[8]

이성을 도구화하는 폐해는 어제 오늘의 이야기만은 아니며 현대도시에서 끊임없이 부작용으로 재생산되는 부분이라고 할 수 있다. 이것은 건축부문에도 여지없이 드러나는 부분이다. 삶을 영위하는 공간과 인공적 주위환경을 만들어내는 분야인 건축, 도시 분야는 그래서 중요한 학문이자 행위이다.

거주의 핵심은 '그 자리에 머물러 있음'에 있는 것이다. 앞서 살펴보았던 다자인Dasein이 생각날 것이다. 그것은 세계-내-존재를 떠올리게 만든다. 다시 말해 아무 장소에나 있는 것이 아니라 평화를 가져다 주는 장소에서 삶을 영위하는 것이다. 거주를 할 수 있도록 하는 건설이라는 행위는 시적詩的이다. 집을 짓는다는 것은 시를 짓는 것이다. 이것이 장소성의 핵심이다. 그 행위는 **'생성poesis'**이다. 시를 쓴다는 것의 본질을 하나의 운율을 만든다는 것으로 생각한 것이다. 비거주는 대도시에서의 삶을 특징짓는 핵심적인 요인이다. 서구의 사상은 존재being를 현존으로서 다루고 있다. 정치적이고 사회적

8) 같은 책, p528

인, 미학적인 때로는 이 이름 그 자체이기도 하다.[9)]

그러나 이러한 사고를 부정적으로 바라보면 기다림 속에서 하이데거는 모든 그릇된 주체와 객체가 분리된 사고에 대한 폭력성을 우려하고 있지만 그는 여전히 기다림, 귀기울임 만에 머물러 있다고 비판할 수 있다. 그의 연구에 내포된 의미 또한 현실세계에서 그다지 큰 도움이 되지는 않는다. 하이데거 사유의 시적 측면을 생각했을 때 사유 자체는 신선하게 느껴지고 논리가 성립되고 무척이나 긍정적이라고 할 수 있다. 그러나 현실에 적용하여 생각해보면, 치열하게 경쟁하면서 주택사업을 하는 사람들과 치열한 자본의 행태속에서 어닌지 보르게 현실적인 힘이 떨어시거나 메아리처림 막연하게 느껴지는 것도 사실이다.

도심에서 고시원, 오피스텔 등의 좁고 규격화, 상품화된 공간에서의 삶보다는 건축주의 성향과 삶의 양식을 고려하여 지은 개별 건축물이 당연히 여러 면에서 바람직할 것이다. 교외의 전원에 땅을 구입하여 자신에 적합한 웰빙식 자연친화형, 에너지절약형 주택을 짓고 텃밭을 가꾸면서 자연식으로 사는 것이 좋다는 것을 모르는 사람은 없다. 그러나 그런 삶을 살기가 현대도시인들에게 어디 녹록한 일일까? 이것은 자본사회의 다른 측면으로 바라보고 풀어나가야 할 주제이다. 다만 문제는 현대자본사회의 일반대중의 삶에

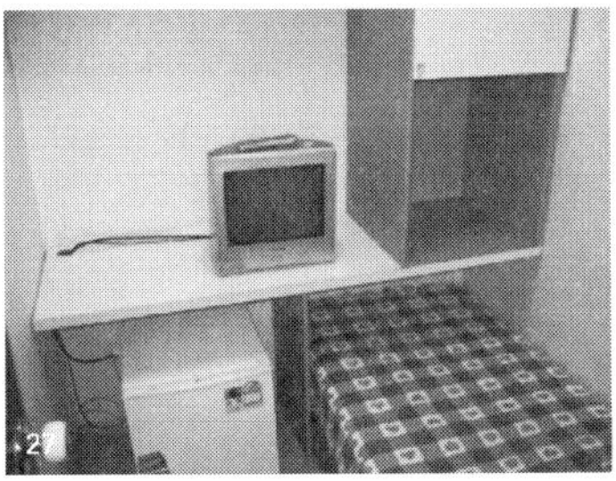

9) 같은 책, p528

27. 도심 고시원의 열악한 거주상황

28. 전원주택의 거주

서 그것이 얼마나 현실성이 있는 건축적 대안일 것인가 하는 점이다.

서울에 거주하며 활동하는 많은 건축가들 중에는 말도 많은 아파트에 거주하는 사람들이 대다수이다. 그들은 오늘날 현상학적인 측면이 강조되는 지역주의적 색채의 한국성을 담은 주택을 설계하는 것을 자신들의 철학으로 삼는 경우도 많다. 그들은 이성의 폐해와 물신화, 상품화된 사회와 공간에 대해서 잘 인식하고 있다. 그러한 공간에 염증을 느끼고 한국적 지혜가 녹아들어가 있는 한국적 주거를 창조해내고자 한다. 그러나 정작 그들의 집은 획일화된 평범한 아파트에 살고 있다. 그들이 창조해 내고 있는 주거와 같은 곳에 살고 싶지 않아서 아파트에 살고 있는 것일까? 자신의 경제적 조건과 도심 내에서 클라이언트들과 많은 사람들을 만나가며 빠른 도시적 리듬에 적응하며 살아가기 위해 그들은 어쩔 수 없이 도심내 아파트 공간을 선택했을 수도 있다. 본래 의도는 건축가로서 그들의 선택을 비판하고자 하는 것이 아니라 하이데거의 사유를 건축적으로 적용했을 때 한계가 드러나는 부분이 자본사회에서는 명백히 존재하고 있으며 자본의 상황하에 다른 차원의 접근방식과 해결방법이 필요하다는 것을 상기시키고자 할 뿐이다.

이렇게 하이데거는 기다림 속에서 이성의 폐해에 대하여 사유하고 그에 대한 대안적 요소를 보여주지만 있지만 여전히 기다리거나 귀기울임 정도에 머물러 있을 뿐이라고 비판할 수도 있다. 그의 사유에 내포된 의미 또한 현실적인 문제의 어떤 것에도 도움을 주지 못했다는 비판이 있는 것도 사실이다. **'구축과 시가 현대에 무슨 의미가 있을까? 무엇을 위한 시란 말인가?'** 하는 물음이 나올 수밖에 없다. 비판적으로 이야기한다면 침묵 속에 이어지는 계속된 기다림이나 건축물 또는 주거를 짓는 선택 만이 남아있을 뿐이라는 절망감이 들 수도 있다.

비판적 시각이 있지만 그럼에도 불구하고 하이데거의 주거에 대한 사유 및 축조에 대한 사유는 1권에서 살펴보았던 이성에 의한 건축방식과는 사뭇 다른 모습을 보여주고 있다. 과학기술의 폭발적 발전과 대도시의 출현, 국제주의 양식이 출현하여 세계 각처에 동일하게 적용되는 양상은 일면 오만한 엘리트의 의도에 의한 프로토타입의 무작위적 삽입을 의미한다. 이러한 사유는 세계 어느 곳에서도 발전된 시스템으로 동일하게 적용시킬 수 있다고 생각하는 오만한 사고체계로 생각할 수 있다. 신적인 입장에서 사유하여 훌륭한 선물과 같은 진보된 새로운 생활환경을 제공해주는 건축물은 하이데거의 사유에 의한 주거와는 다른 특성을 지니게 될 것은 자명하다. 모던시기의 국제주의 건축은 신적인 위치에서 바라보는 투시도가 주로 나타났다. 그러나 현상학이 우세한 시기에는 사람의 시점에서 지역에 배치되어 있는 투시도가 자주 등장하는 것도 중요한 변화의 흐름으로 볼 수 있다.

카치아리는 국제주의 양식의 대가 중 한명인 미스 반 데어 로에를 다음과 같이 비판하고 있다.

'현대 도시계획이 보여주는 이데올로기적인 연속성 속에서 또는 거대도시에서의 주거라는 문제를 치유하려 하는 건축속에서 미스 반 데 로에와 같은 이들은 공간을 찾지 않는다. (중략) 공간적인 구성 요소들의 단편화가 전부이다. 평면과의 관련하여 유지되는 볼륨들의 연속성은 단지 겉으로 드러나는 것일 뿐이다. 단순한 디테일에 대한 주목이다. 이 향수조차도 그 자체의 언어를 갖지만, 그것은 건축적인 기법으로 해석될 수 있는 것이 아니다. 기호는 기호로 남겨져야 한다. 그것은 가치를 지닌다는 사실에 대한 포기에 대해서만 이야기해야 한다. 유리는 거주에 대한 구체적인 부정이다.'[10]

카치아리는 단순한 교리나 새로움으로 만들어진 건축물은 새로움과 경탄의 대상일 수는 있지만 본질적인 의미에서의 거주의 공간이 될 수는 없다고 생각한 것이다.

10) 같은 책, p537부분 인용

CF에서 보이는 매끈하고 차가운 감성의 주거공간이 일견 감각적이고 멋진 공간처럼 느껴질 수 있다. 그러나 이 공간은 마치 세트나 미장센 같은 공간이다. 그 공간에는 실제 일상의 생활이 빠져있다. 한겨울에 어지럽혀진 방의 따뜻한 아랫목에 이불을 깔고 누워서 과자를 먹으며 만화를 보기에는 무언가 거주의 공간으로는 너무 차갑다. 어울리지 않는다. 무균질한 공간처럼 보일뿐 거기에는 삶이 배어나와 보이지 않는다.

미스의 바르셀로나 파빌리온과 사무실 공간은 모더니즘 특유의 매끈함에서 오는 매력이 분명 존재한다. 그러나 그의 공간에서는 오랜 기간 살고 싶은 생각이 쉽게 들지 않는다. 모더니즘 건축의 매끈함에서 오는 비거주성의 특징이 있기 때문이다. 라이트가 필립 존슨의 글라스 하우스에 초대되어 방문했을 때 현관에 들어서서 자신의 모자는 어디에서 벗어야 하는지 물어본 일화는 유명하다. 라이트는 모자를 벗으며 내부공간으로 진입하기 위해 준비하는 성격의 인간적인 현관이 없는 무미건조한 필립 존슨의 공간을 위트있게 비판한 것이었다.

이렇듯 거주의 개념과 주변환경 사계절의 연결을 고려하여 거주할 공간을 생각하는 것은 매우 중요하다. 결과적으로 건축분야에서도 이러한 **'거주'**의 개념에 근거하여 장소성과 지역성을 강조하는 흐름이 나타났다. 그것이 국제주의 건축양식의 교리적 폭력성을 넘어서거나 완화시킬 수 있는 하나의 방안이었기 때문이다.

29. 미스의 판스워드 주택 내부
30. 미스의 베를린 뮤지엄

2008 루이스 칸의 건축관

루이스 칸의 건축적 사유는 매우 깊고 심원한 것으로 정평이 나 있다. 그의 사유와 건축작품은 모더니즘에서 포스트모더니즘 사이의 교량 역할을 했다고 평가하는 학자도 있다. 그의 사유와 강의자료 등을 살펴보면 그의 사유가 현상학적 사유를 통해 모더니즘 및 국제주의 양식의 폐해적 특성을 벗어나고자 하는 요소들과 의도가 있었으며 현상학적 접근방식이 그의 건축관의 형성에 매우 중요한 부분임을 확인할 수 있다.

칸의 건축은 보여지는 느낌조차도 모던건축과는 여러 가지 측면에서 다르다는 것을 쉽게 눈치챌 수 있다. 모던건축이 균질적이면서 동시에 유동적으로 이동가능한 공간들로 계획되어 있는 것과는 달리, 칸의 건축은 구획되어 각 방이 정체성을 부여받고 있다. 재료는 당시의 신기술과 첨단적인 표현보다 관습적인 재료에 의한 구축적 표현을 위주로 기념비적인 매스들을 구축시켜 표현했다. 각 방이 중요하다보니 중심을 지니면서 각 부분 부분이 또 하나의 독립적인 요소들로 구성되어있는 다중심적인 특성을 보이며 병치되어 있는 느낌 등이 모던 건축의 특성과는 여러모로 차이가 있다. 칸은 우주와 세계, 자연과 인간 및 사물을 인식함에 있어서 건축과 연결시키려는 노력을 기울였으며 존재와 생성의 원리를 만들어내고자 하는 의지가 강했다고 볼 수 있다.

루이스 칸은 펜실베니아 대학의 건축설계 수업에서 다음과 같이 말했다.

"나는 기념물을 만들 때 방과 정원에서부터 사고를 시작합니다. 왜 방과 정원을 제 건축의 출발점으로 선택했을까요? 그 이유는 정원은 자연의 개별적인 집합이고, 방은 건축의 출발점이기 때문입니다.

정원이 인간으로부터 선택되고 나름의 방식으로 인간이 사용하기 위해 구축시켜 한 장소와 연결이 될 때, 그 정원은 자연과 관계를 맺게 됩니다. 건축가는 자연의 주창자가

31. 칸의 리차드 의학연구소

되며 모든 사물을 자연에 대한 깊은 존경심으로 표현합니다. . . 당신은 무엇이 필요한가를 생각하는 것이 아니라, 오히려 배우기 좋고, 살기 좋고, 일하기 좋은 환경을 만들기 위해 받아들일 수 있는 건축의 요소들이 무엇인가를 생각하기 시작할 것입니다…."

이러한 사고방식은 기능이 최우선이 되어 전지전능한 시점에서 무작위로 계획하고 구축하여 건축시켜서 시장에 내놓는 건물과는 확실히 다른 사고방식이라고 할 수 있다. 이러한 자세는 계획 이전에 우선 사람과 직접적으로 관계를 맺게 되는 거주공간인 방과 그리고, 주위의 자연과 장소와 어떤 관계를 맺게 될 것인가를 먼저 고려하여 계획을 하는 것이다. 생각하고 있는 주체가 있고, 계획하고 있는 객체(설계물)가 따로 분리되어 존재하는 것이 아니라 생각하고 있는 건축가라는 주체와 인간이 거주하는 방과 인간의 관계, 그 건물과 자연 및 장소와의 관계를 먼저 생각하는 것이다. 세계 어느 곳에서도 동일한 시스템을 삽입하고 동일한 품질의 주거를 실현시킬 수 있다고 생각한 국제주의양식의 건축물과는 근본적으로 다른 접근 방식이다. 이것은 이른바 주체와 객체를 하나로 묶어서 생각하는 것이고(괄호치기), 존재자의 개념인 방으로부터 건축물로 지향성을 갖고 건축물에서 장소와 자연과 어떻게 관계를 맺을 것인가에 대한 지향성이 있는 존재자의 개념을 둔 사고라고 할 수 있다. 방의 집합이 확장되어 도시를 이루게 된다. 이 과정에서 사람의 존재를 통해 관계가 형성되고 그 공간이 '하나의 의미'로서 다가온다. 이것은 앞서 살펴본 친숙한 현상학적 거주의 개념이다. 도시는 수많은 방의 집합이다. 심지어 가로조차도 또다른 의미의 방들의 집합이다. 길은 방으로 이어지고 방속에도 길(복도)이 있다. 내부화된 도시의 의미와 하나의 관계로 통합되는 도시가 칸이 꿈꾸었던 도시일 수 있다.

이러한 칸의 태도는 미스의 공간을 대하는 태도와는 대조적이다. 미스의 유니버설 플랜은 공간을 세분하여 구별하지 않고 있다. 무균질의 중성적인 공간이 대규모로 펼쳐진다. 이후 필요한 공간구성을 위해 이동식 칸막이로 분리시킬 뿐이다. 그러나 칸은 각 공간이 하나의 방으로서의 존재이유를 가지고 대등하게 구분되어 존재한다. 칸은 그러한 공간을 숙고하여 창조하는 것이고 그것의 첫 시작을 방을 만드는 데서부터 시작하는 것이다. 칸이 디자인한 각각의 방들은 분절되어 있고 자기완결적이다. 그러나 서로 연결되어 있고 상호관계를 중시한 복합체이다.

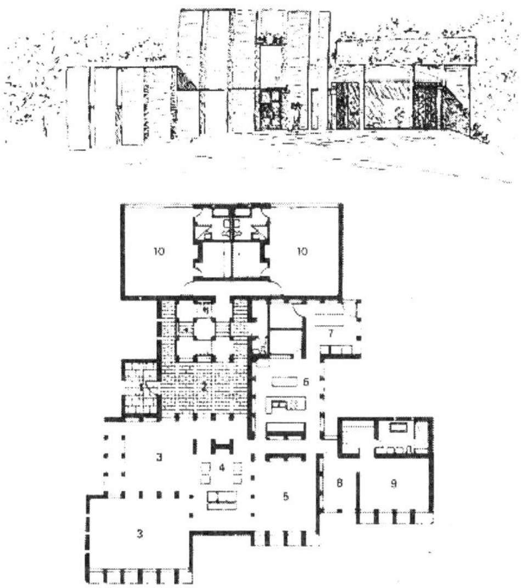

MOH. 11
South elevation sketch, alternate study, showing pavilion in front of the living room.

FINAL VERSION

MOH. 12
First floor plan based on 1'-4' module.

1 Vestibule
2 Entrance hall and stair (roof garden above vestibule and entrance hall)
3 Living
4 Fireplace seating
5 Dining
6 Kitchen (bedroom above)
7 Laundry (bathroom above)
8 Study
9 Master bedroom
10 Bedroom (garage and mechanical service room below)

MOH. 13
South elevation sketch.
By giving up the pyramid-shaped roofs, the space units lost their individuality. They have become freely moldable within the order of the 1-4-1 grid. The "modular arrangement" of this house is intended to form spaces of various dimensions. The 1'-module is used for a post or an opening and the 4'-module for a wall or an opening.

32

32. Morris House 방 배치와 연계성

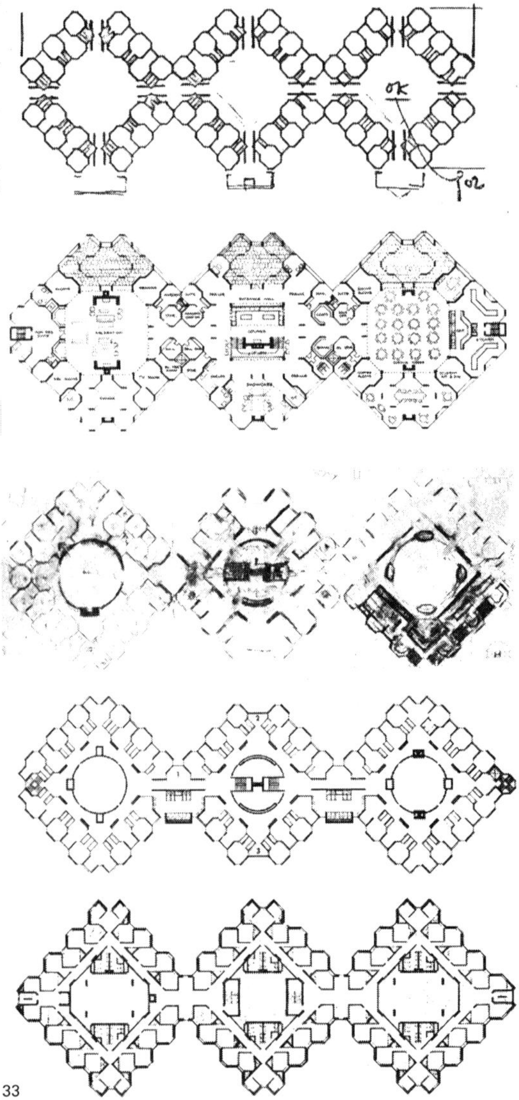

33

33. Bryn Mawr College Dormitory
방 배치 발전과정(전체의 방이 연결된 듯한 유기성을 보이다가 점차 구체화되는 과정을 보여주고 있다.)

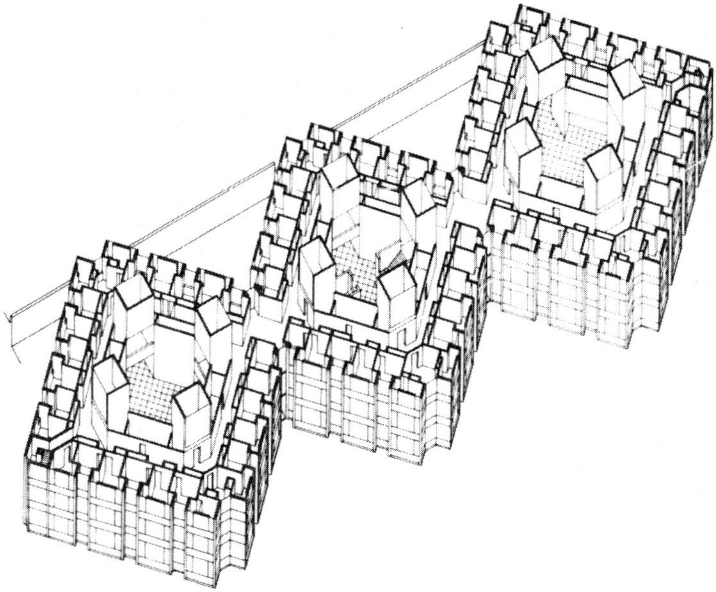

Bryn Mawr College Dormitory
1960-64
Bryn Mawr, Pennsylvania, U.S.A.

34

34. Bryn Mawr College Dormitory 방 배치

35

35. 도미니카 수녀원 계획(1965-68)

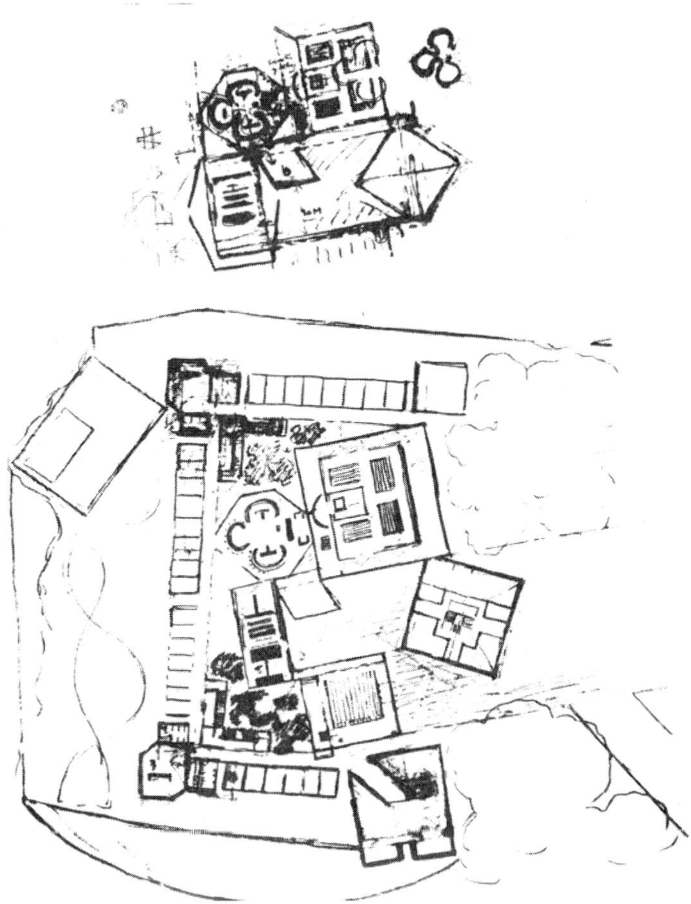

36

36. 도미니카 수녀원 계획(1965-68) 방배치 과정

칸이 생각하는 건축은 방의 집합체이다. 그는 건축이란 방의 사회를 만들어 주는 것으로 이야기했다. 그의 건축 스튜디오 수업을 들었던 동경대 건축과의 코야마는 유펜 재학당시 다음과 같이 그의 수업에 대해서 언급했다.

칸은 스튜디오에서 학생들에게 먼저 각각의 방이 어떻게 되고 싶어하는가에 대해서 생각하고 그것을 통합체가 되도록 했다. 각각의 부분이 갖는 특성을 그대로 유지하면서 공동체(복합체)가 되는 훈련을 시킨 것이다. 이것은 하나의 고정된 위계성을 갖는 기존의 방법론에서 벗어나 다중심의 복합체를 만들도록 유도하는 교수법이었다. 아울러 하나의 방이 단순히 자기 혼자만 독립적으로 대상화되어 존재하는 것이 아니라 공동체 안에서의 관계형성과 지향성을 갖도록 계획하는 것이다.[11)]

관계형성과 지향성이라는 키워드 모두 현상학에서 주요 개념으로 다루는 친숙한 단어이다. 이성적이고 대상화되어 살기위한 기계와 같은 존재자로서의 단순 물리적 공간이 아니라 서로의 관계 속에서 탄생하는 존재와 같은 복합체를 유도한 것이다. 칸은 모든 건축의 사고를 하나의 방으로부터 시작했고 큰 규모의 건축물에서의 각 기능의 방들을 서로 같은 위계의 동등한 방들의 연결로 간주했다. 다중심의 방들의 관계접합은 도시의 개념까지 이어진다.

이러한 생각은 루이스 칸이 재료에 대해서 사유하는 방식을 살펴보면 더욱 더 명확하게 드러난다. 다음의 재료에 대한 그의 생각을 살펴보는 것이 유익하다.

11) 코야마 히사오香山 壽夫, 김광현, 건축의장 12강, 국제, 2008, p52

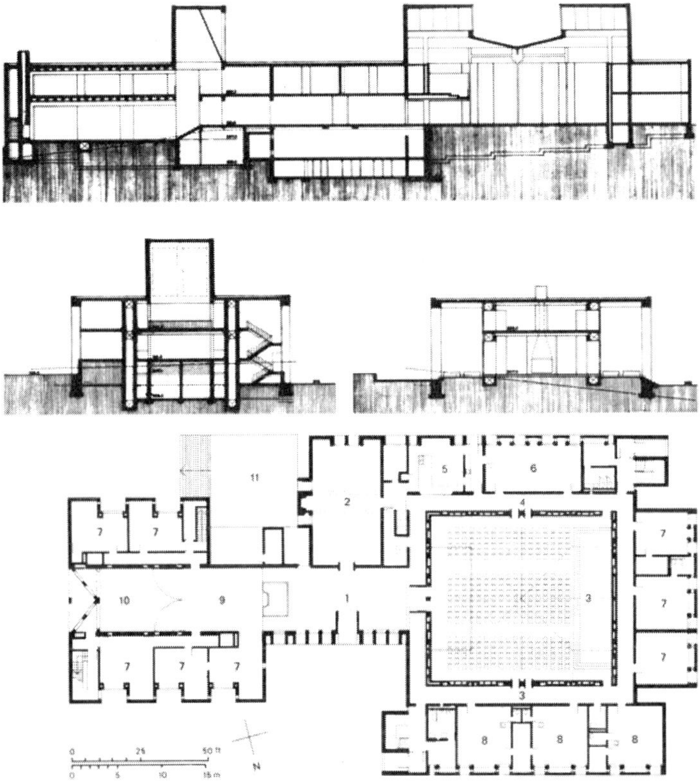

37

37. First Unitarian 교회의 방 배치와 연계성

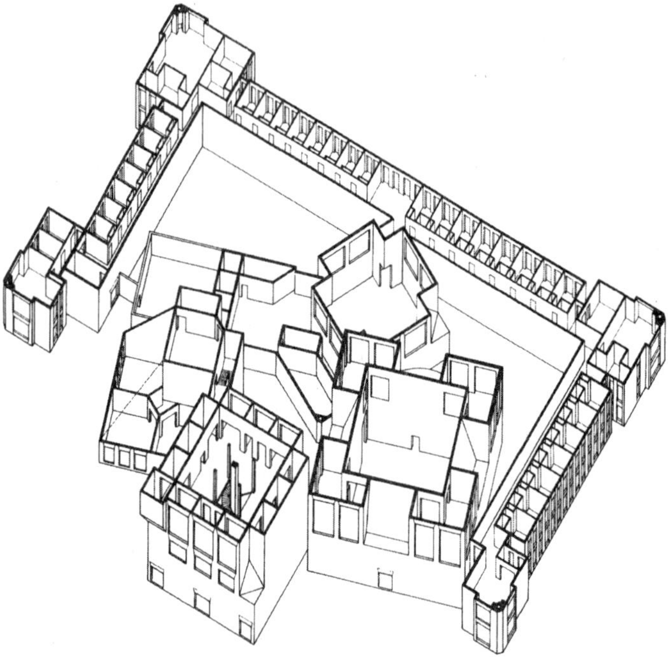

Convent for the Domminican Sisters
1965-68
Media, Pennsylvania, U. S. A.

38. 도미니카 수녀원 계획(1965-68) 방배치계획

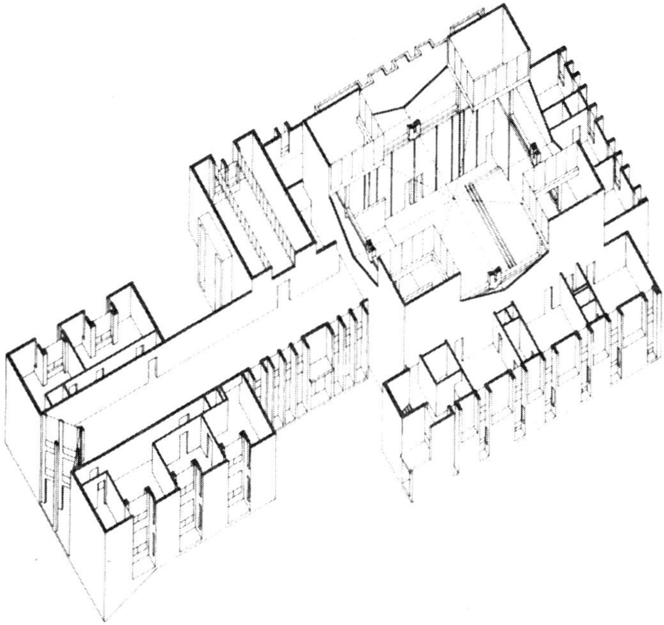

First Unitarian Church
1958-68
Rochester, New York, U.S.A.

39. First Unitarian 교회의 방 배치와 연계성

–재료에 대한 사고방식

루이스 칸은 재료에 대해 다음과 같이 말했다.

실현시킨다는 것은 형태(일종의 성질을 의미하는 형태)를 만들면서 실현되는 것입니다. 여러분은 사물이 개개의 본성을 가지고 있음을 깨달을 수 있을 것입니다. 학교도 개별적인 본성을 가지고 있습니다. 학교를 만드는 데 있어서, 이렇게 본성에 대해서 상의하고 그것과의 암묵적 동의가 절대적으로 필요합니다. 이러한 상의를 하는 과정에서 당신은 물의 질서와 바람의 질서, 빛의 질서, 그리고 어떤 재료의 질서를 발견할 수 있을 것입니다. 만약 여러분이 벽돌을 생각한다면, 그리고 이와 같은 질서들과 상의를 한다면 벽돌의 특성을 고려해야만 할 것입니다.

나는 벽돌에게 다음과 같이 이야기 할 것입니다. "네가 원하는 것이 무엇이니?" 그러면 벽돌은 여러분에게 이렇게 대답할 것입니다. "나는 아치를 좋아해요." 만약 여러분이 벽돌에게 다시 "아치는 값이 비싸게 들기 때문에 나는 개구부 위에 콘크리트 인방보를 사용해야 할 것 같아" 라고 말합니다. 그러면 벽돌은 "그래도 나는 아치가 좋아요." 라고 대답할 것입니다.
이렇듯 당신이 사용하는 재료를 존중하는 것이 중요합니다. 여러분은 콘크리트와 종이, 대리석, 플라스틱 등과 같은 재료와 똑같은 대화를 나눌 수 있을 것입니다. 당신이 창조한 것의 아름다움은 당신이 재료를 있는 그대로 존중할 때 찾아올 것입니다. 재료로 하여금 다가올 다음 사람을 기다리는 부차적인 방식으로 사용하지 말고, 그 본성을 존중해야 합니다.

코야마는 '건축공간에는 혼자 만이 존재하는 것이 아니라 누군가와 같이 살게 되고 방문하게 된다. 공동체를 이루고 사는 것이다. 에워싸는 것이 공간의 기본적 속성이며 자신을 둘러싸는 관계 곧 공동체가 건축공간의 기본개념이다'라고 언급했다.

이것은 현상학에서의 묶어서 생각하는 괄호치기의 개념이라고 볼 수도 있다. 나 혼자 존재하여 생각하는 대상이 아니라 처음부터 우리의 관계, 공동체의 관계를 생각하는 것이다. 따라서 건축공간은 인간공동체를 위한 형태규정이라고 정의내릴 수 있을 것이다. 에워싼다는 것은 분절된 하나의 공간을 만들면서도 동시에 나와의 존재와 연결을 의미한다. 즉 닫혀있으면서도 열려있는 것이다.

앞서 언급한 바대로 칸은 스튜디오에서 학생들에게 먼저 각각의 방이 어떻게 되고 싶어하는 가에 대해서 생각하고 그것을 통합체가 되도록 했다. 각각의 부분이 가지는 특성을 그대로 유지하면서 공동체(복합체)가 되는 훈련을 시킨 것이다. 이것은 하나의 고정된 위계성을 갖는 기존의 방법론에서 벗어나 다중심의 복합체를 만들도록 유도하는 교수법이었다. 아울러 하나의 방이 단순히 자기 혼자만의 독립적인 공간으로 대상화되어 존재하는 것이 아니라 공동체 안에서의 관계형성과 지향성을 갖도록 계획하는 것이다.

루이스 칸의 재료에 대한 자세는 이렇게 국제주의 건축관과는 사뭇 다른 자세를 보인다. 다음의 문장들과 같이 그가 재료를 다루는 자세를 살펴보면 그의 자세가 더욱 명확하게 드러남을 간파할 수 있다.

40. 아치와 벽돌의 사용
41. 자연의 돌과 재료의 본성

"나는 벽돌에게 벽돌아, 너는 무엇이 되고 싶니? 아… 벽돌의 특성상 아치가 되고 싶어 하는구나 나는 아치를 계획하여 만들어 줍니다. 나는 돌에게 무엇이 되고 싶니? 하고 물어봅니다. 돌은 나에게 '무엇이 되고 싶어' 라고 이야기합니다. 나는 돌이 원하는대로 구축시킵니다." 이러한 자세가 바로 칸이 재료를 다루는 철학적 자세이다.

이렇듯 재료의 본성에 맞추어 적절한 쓰임새를 가질 수 있는 형태와 공간을 만드는 것… 이것이 무척 중요하다고 칸은 강조한다. 벽돌을 생각할 때 벽돌의 형태와 재료, 혹은 단순한 쓰임새로 생각하여 아무 곳에나 내키는 대로 쓸 수 있다고 생각한다면 그것은 현상학적 존재자, 특히 하이데거적인 '존재자'가 아니다. '존재자'로서의 벽돌은 인간으로부터 출발하여 사고하여 인간의 유익을 위하여 어떻게 쓰이는지에 대해서 판단하여 비로소 '존재'가 될 수 있는 것이다. 이것은 기존의 사고와는 매우 다른 생각이다. '나라는 인간의 존재를 통해서 의미를 획득하는 벽돌과 그 벽돌이 어떻게 쓰여져서 어떠한 결과물이 되고 나라는 존재와 어떤 관계의 존재자가 될 것인가' 가 중요한 의미를 지니는 것이다.

국제주의 양식은 벽돌로 구축하더라도 시멘트나 플라스터 미장에 흰 페인트를 덧입혀 기존의 질감과는 완전히 달라지는 매끈한 물성의 차원이 다른 물질의 이미지를 만들어낸다. 그것은 마치 매끈한 종이로 만든 머리속의 모델이 현실에 튀어나온 듯한 느낌이다. 그러나 이것은 비현실적인 물성의 건축, 머리속의 이성적 건축, 현실과 유리된 엘리트 건축, 무균질의 삶과 거주가 없는 건축으로 비판받을 수 있으며 그에 대한 보완적인 흐름으로 나온 것이 바로 현상학의 영향을 받은 건축적 흐름이라고 볼 수 있다.

42. 칸의 벽돌사용
43. 칸의 벽돌아치

–봉사하는 공간Servant Space과 봉사받는 공간Served Space의 현상학적 개념

앞서 언급한 바와 같이 그의 건축의 원천beginning은 방room으로부터 시작이 되며 이것은 현상학적인 개념의 마음의 장소place of mind임을 확인하였다. 방은 한 가지의 독특한 성격, 즉 개성을 가진 것이며 그 자체의 독립적 구조와 빛을 가져야 한다고 생각했다. 그가 생각하는 공간은 구체적인 프로그램은 없다고 하더라도 하나의 장소로서의 역할을 해야 한다고 생각했다. 이른바 존재로서의 역할을 해야 한다고 생각하는 것이다.

칸은 건물 테크놀로지가 공간의 위계 내에서 구조, 설비, 건설 시스템을 구축하기 위해 사용되어야 한다고 주장했고 그 결과 비어있는 돌(볼륨)hollow stone은 이후 '속이 비어있는 기둥hollow column'의 개념으로 발전한다. 이는 단순히 구조 부재와 이들에 의한 빈 공간을 넘어 공간과 통합된 하나의 구조설비 시스템을 제안한 것으로 칸은 '속이 비어있는 기둥hollow column'의 내부공간이 설비공간으로 사용됨으로써 독립적인 존재의 의미를 갖는다고 생각했다.[12)]

칸은 공간을 나눔에 있어서 건축공간 개념에서 서번트 공간servant space과 서브드 공간served space으로 나누어 사유했다.
서번트 공간은 인간이 사용할 수 있는 공간은 아니고, 인간이 생활을 영위할 수 있는 공간이 될 수 있도록 건축에서 꼭 필요한 기능적 요소들로 이루어진 공간이다. 칸은 구조와 설비, 각종 필요충분 요소들이 합리적으로 통합되도록 계획했다. 이들은 이른바 존재자로서의 물질을 이루고 있는 것들이다. 설비를 위해 구조적으로 독립된 공간을 만들어주는 계획이 많고 그러한 존재자로서의 공간(서번트 공간)을 부여하여 인간의 생활을 더욱 풍요롭게 만들어주는 존재로서의 공간을 만들어주는 서브드 공간을 나누어 계획해야 한다고 그는 생각했다. 그리고 이 두 가지는 하나로 통합되어 서로가 결합되어 있다. 이것은 현상학적인 지향성과 괄호치기(x+y)의 개념이 건축구조적으

12) 루이스 칸 건축에 있어서 테크놀로지의 의미에 관한 연구,
한국실내디자인학회 논문집 제21권 6호 통권 95호 2012년 12월호, p170

로 치환된 것으로 볼 수 있을 것이다. 칸은 공간을 이렇게 단순 존재자와 존재가 되는 지향성의 공간으로 구분했지만 하나의 건축물에서 이 공간은 통합되어 결론적으로 존재로서의 공간으로 통합될 수 있도록 하였다.

서번트 공간(봉사하는 공간)과 서브드 공간(봉사받는 공간)은 발생한 공간들 사이의 질서이다. 봉사하는 공간은 환기, 전기, 배관 등을 위한 즉 기계적 공간을 위한 공간이며, 봉사받는 공간은 역사, 문화의 연속성과 연결될 수 있는 공간이다. 봉사받는 주공간(방)뿐만이 아니라 '봉사하는' 지원공간을 독립시켜서 계획해줌으로써 존재론적 의미를 부여하는 것이다. 그는 서번트 공긴의 요소들을 기존의 구조체에 일체화하거나 별도층으로 따로 계획해줌으로써 통합된 존재로서의 계획이 될 수 있게 했다. 덕트와 공조라는 존재자를 통해 방을 더욱 의미 있는 존재로 만들어주어 방향성을 제시하는 것을 알 수 있으며 하나의 통합적인 괄호치기로서의 종합화를 의미하기도 한다. 칸은 단순히 건물의 지지체로서의 존재자가 아니라 진정한 의미의 통합을 이루어내는 건축물을 현상학적 접근방식으로 창조하고자 했다.
봉사하는 공간이라는 존재자를 통해, 봉사받는 공간이라는 인간다운 공간을 만들어주어야 한다는 지향성의 생각은 분명 현상학적 사유로부터 출발한 공간개념임을 느낄 수 있다.

일부 비평가들은 그의 건축은 모더니즘 계열의 건축에서 포스트모던 건축으로 넘어가는 과정에서 나타난 부르탈리즘 건축으로 분류시키기도 한다. 이 또한 그 당시 유행했던 실존주의와 현상학의 산물로 보는 견해도 있다. 부르탈한 특성 자체가 사실 가장 적합한 세계-내-존재로서 '존재'할 수 있게 하기 위한 방법론으로 취한 것이므로 이것 역시 현상학적 흐름의 연장선상에서 자연스러운 것으로 생각할 수 있다.

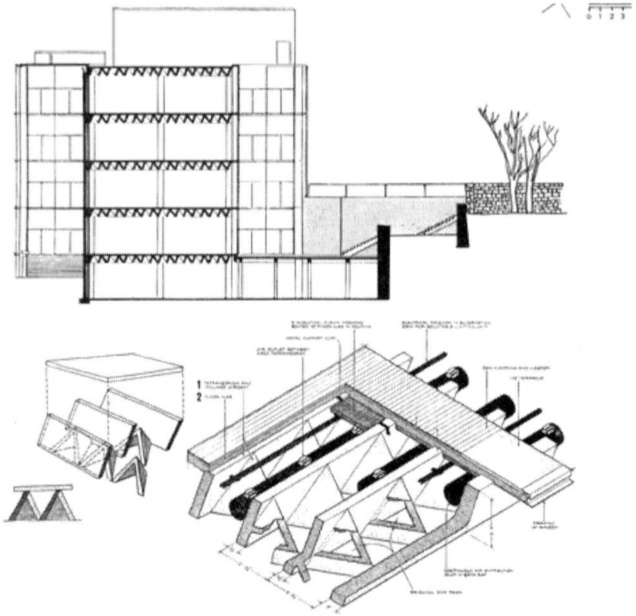

44

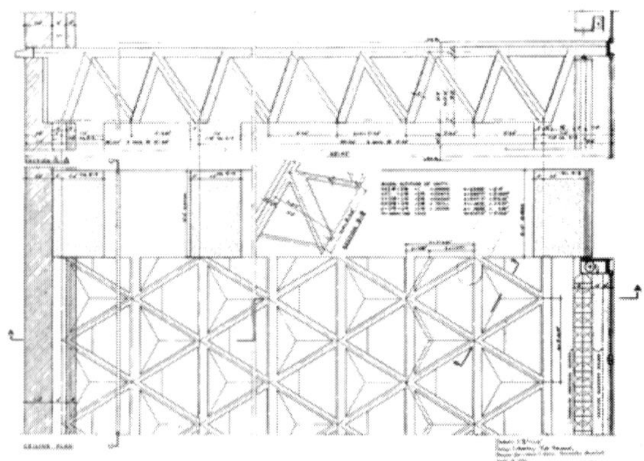

45

44, 45. 칸의 설비와 구조의 통합체 다이어그램

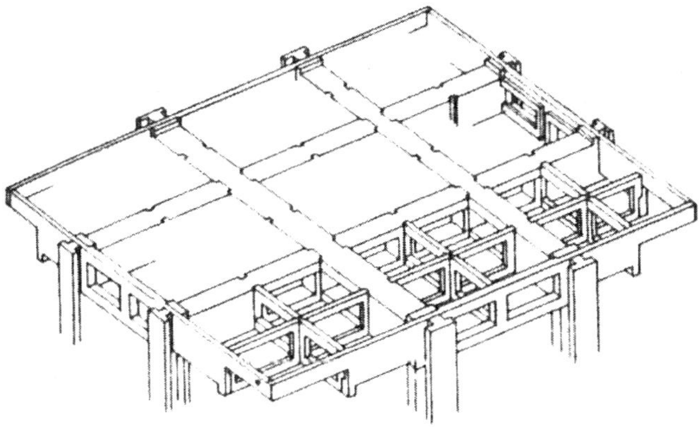

46

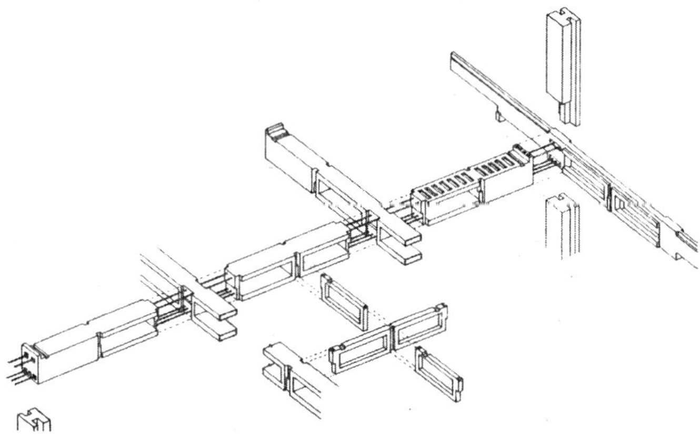

47

46, 47. 구조와 통합된 설비공간

-부르탈리즘적Brutalism 특성

포스트모더니즘의 시대로 들어서기 이전에 잠시 건축계에서 부르탈리즘의 경향이 있었다. 이 사조는 구축방식과 프로그램의 진행과 국제주의적 양식의 내용이 고스란히 받아들이면서 구조와 재료가 어떻게 쓰였는지를 외관에서 확실히 알 수 있을 정도로 재료의 물성을 자연스럽고 다소 거칠게 사용하는 것이었다.

인상파 화가 중에 마티스의 그림을 예로 들어보자. 일상의 구체적인 대상을 보고 그리는 그림을 구상화具象畵라고 한다. 그러한 구상적인 대상이 가지고 있던 색채를 과감하게 타파했던 야수파의 거장 마티스는 흔히 '색채를 해방시킨 작가'로 알려져 있다. 그의 그림에서 표현하는 사람의 피부색은 일반적으로 사용하는 피부색이 아니다. 기존의 고정관념으로 쓰이는 색에서 탈피하여 강렬한 푸른색이나 녹색 등의 색채 등을 사용하여 보는 이로 하여금 독특한 감정을 갖게 만든다.
마찬가지로 건축적 상황으로 생각해보면 국제주의 건축에서 내부의 구축된 재료를 알 수 없을 정도로 하얀 입방체로 표현되어 비물질화 되는 듯한 재료마감과 표현이 아니라, 구조가 드러나고 거친 재료가 드러나며, 있는 그대로의 모습을 보여주는 부르탈리즘 역시 일정부분 주체와 객체의 사고를 극복하고자 하는 건축적 실험이라고 생각할 수 있다. 실제로 루이스 칸의 건축도 부르탈리즘으로 분류되기도 하고, 내외부의 재료 사용의 일관성이라던가 재료의 본성을 존중하여 표현하는 양상은 우리가 논의한 현상학적 사유와 일맥상통하는 점이 있다.

폴 루돌프의 예일대학교 건축학부 건물은 거친 콘크리트 질감의 외관과 구조가 그대로 드러나는 표현을 잘 표현한 작품사례이다. 그의 건축은 재료의 견고함과 무게가 드러나면서 본질적인 요소들이 가감없이 드러나도록 계획되어 있다.

48. 마티스의 작품

49. 부르탈리즘의 구조적 특성
내외부의 재료가 동일하게 사용되고 거친 질감을 그대로 느낄 수 있다. 또한 외부에서 실과 천정설비공간과 슬라브 등의 요소들이 외부에서 정직하게 모두 노출되도록 계획되어 있다.

50. 부르탈리즘의 재료적 특성

51. 폴 루돌프의 예일대학교 건축학부
52. 예일 대학교 건축학부 단면

2009 일본의 음예공간

일본 문학가인 타니자끼 준이찌로谷崎潤一郎가 『음예공간 예찬』이라는 책을 썼다. 그는 이 책을 통하여 흔히 모던 건축이라고 불리는 국제주의 양식의 건축에서는 찾아볼 수 없는 풍토건축의 정취와 장점을 잘 묘사하여 현상학적으로 기술하고 있다. 책의 내용은 풍토건축의 기억과 관련된 인간적이고 감성적인 느낌들이 잘 표현되고 있으며 풍토건축이 갖는 자연재료들과의 관계들이 잘 기술되어 있다. 타니자끼는 밝고 위생적인 국제주의 양식과는 다른 일본의 전통 주거공간은 약간은 어둡지만 인간의 삶이 녹아들어가 있고 주위의 자연과 하나가 되는 공간에 대한 예찬을 통해 근대건축이 가지고 있던 폐해에 대해서 다시금 생각하게 만드는 힘이 있는 내용이다. 그의 내용 중 한 부분을 발췌해 본다.

53. 일본 전통주거의 모습

다실茶室도 좋지만 변소는 참으로 정신이 편안해지도록 만들어져 있다. 그것들은 반드시 안채에서 떨어져 신록의 냄새나 이끼 냄새가 나는 듯한 정원수 수풀 뒤에 마련되어 있고 복도를 통해 가는 것인데, 그 어둑어둑한 광선 속에 웅크리고 앉아 희미하게 빛나는 장지의 반사를 받으면서 명상에 잠기고 또는 창밖 정원의 경치를 바라보는 기분은 무어라 말할 수 없다…건축중에서 가장 운치 있게 만들어져 있는 것은 변소라고 말할 수 있을 것이다. 모든 것을 시화詩化한 우리들의 선조는 주택 중에서 가장 불결한 장소를 오히려 아취있는 장소로 바꾸고 화조풍월花鳥風月로 연결지어 그리움의 연상으로 포장하였다. 이것을 서양인들은 불결하다고 생각하여 대중 앞에서 말하기조차 꺼려하는데, 이것에 비하면 우리들의 훨씬 더 현명하고 진정한 풍취의 미를 얻고 있는 것이다.[13)]

그것은 일본인 특유의 정취와 아련함이 있는 전통식 가옥의 이미지가 연상되는 느낌일 것이다. 이러한 느낌의 공간들은 역시 모더니즘의 위생적이고 현대적인 공간의 이미지나 느낌과는 사뭇 다르다는 것을 알 수 있다.

『공간의 시학』이라는 책을 집필한 가스통 바슐라르Gaston Bachelard는 예술, 문예 및 심리학 등의 인문적인 내용을 과학적 영역에서 사고하던 인물이다. 그는 **'몽상속에 있다는 것은 사유하는 것보다 더욱 강력하다. 그리고 그것의 시적 차원을 통해 실제 과거를 초월하는 그림자 가운데 잃어버렸던 집의 본질을 회복할 수 있다.'** 라고 주장한다.

마찬가지로 풍토건축과 자연과 조화된 건축, 혹은 약간 불편하더라도 오히려 그것을 감수하고라도 인간적인 감수성을 누리면서 살고자 하는 것, 혹은 그것을 즐기려고 하는 자세, 이것들이 지역주의 건축이 추구하려는 자세이다. 지역주의적 현상학적 내용과 근대건축의 폐해를 극복하고자 하는 건축적 해결책은 이 책에서 그가 주장하는 방법론에서 영감을 얻을 수 있었을 것이다.

13) 타니자끼 준이찌로, 음예공간예찬
김지견역, 발언, 1996, p29

54. 가스통 바슐라르 초상

2010 장소성을 강조하는 지역주의 건축흐름

노버그 슐츠Noberg Schultz는 노르웨이 건축이론가로서 하이데거의 거주 개념을 **'보호된 장소에서 편안하게 있는 것'**으로 해석했다. 건축의 목적은 세상 속에 가시적인 사물이 되고 실제화 된 세상은 그것이 모아놓은 사물들 자체에 본질이 있다고 했다. 그는 장소성에 중점을 두어 존재적 공간을 실체화시키는 것이 중요하다고 주장한다. 슐츠는 현상학 자체는 추상적인 측면에 중점을 두고 있지만 건축분야에 있어서는 사물 그 자체로 회귀하는 방법론을 사용해야 한다고 주장했다.

코야마는 "장소란 방의 특성이 부여되어 있는 지형에 관한 것이다."라는 입장이다. 방의 특성이 직접적으로 보이지 않아도 지형속에 그러한 방의 특성이 나타날 수 있다는 것이다. 지형에 대한 해석이 거듭되면 자연스럽게 풍경이나 도시가 형성된다. 그것은 한 개인의 힘으로 달성된 것이 아니라, 많은 사람의 해석, 구축 그리고 기억이 중첩되어 만들어진 것임을 깨닫게 된다. 즉, 장소의 힘이란 인간 집단의 공동작업이 집적된 것이다.[14] 우리가 흔히 이야기하는 컨텍스트는 이렇게 세계-내-존재들의 의미화 과정이 퇴적되어 컨텍스트를 이루게 된다. 위요공간이라고 불리는 둘러싸는 공간은 개인의 신체의 확장으로 볼

55

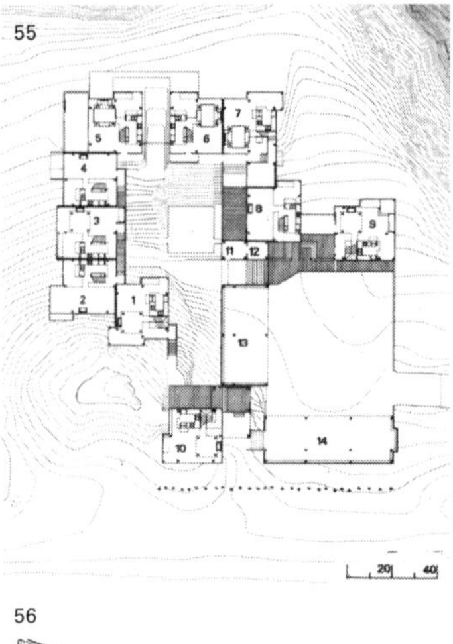

56

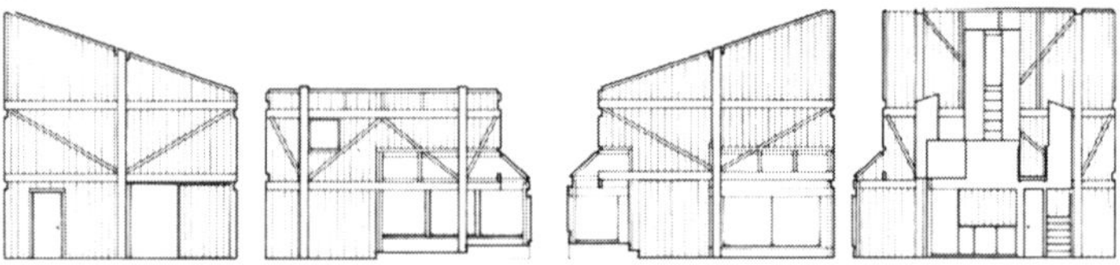

14) 코야마, 김광현, 건축의장 12강, 국제, 2008, p154

55. 찰스 무어의 Sea Ranch Condominium

56. 찰스 무어의 Sea Ranch Condominium 입면

57. 찰스 무어의 Sea Ranch Condominium 전경
58. Sea Ranch Condominium 입면
59. Sea Ranch Condominium 내부

수 있다. 신체의 확장을 통해 자연과 교감하고 관계를 맺고 해석하고 의미화되면서 컨텍스트를 만들어나가는 과정은 힘들고 지난한 과정이지만 거주를 영위하기 위해 꼭 필요한 작업이다.

그는 건축에 현상학적인 접근방식을 적용함으로써 현상을 만들어내기 위해 지역적 이미지나 유추된 이미지를 추출해내고 체험적인 공간을 만들어내는 것이 중요하다고 보았다.

지역주의 건축의 성향을 지닌 대표적 건축가 중 한명인 건축가 찰스 무어는 가스통 바슐라르의 주거 속의 시적 이미지로부터 영감을 얻었다. 그는 이미지가 신체의 선험적 경험 속에서 사람과 건축이 서로 정신적으로 융합하는 과정을 중시했다. 그는 신체와 기억, 건축의 세 가지 요소가 서로 결합되어 나타나는 이미지와 그로 인한 거주의 개념을 중시했던 것이다. 그는 또한 근대건축이 진정한 의미를 지니기 위해서는 외적으로 드러나는 형태와 실체의 내적인 정신과 교류하는 경우에만 회복이 가능하다고 했다. 이러한 자세를 보면 판단중지와 괄호치기, 그리고 정신과 몸의 상호작용을 중시하는 현상학적 흐름과 매우 일관되게 일치하는 면을 쉽게 떠올릴 수 있다. 무어에게 시적 이미지란 주관적인 내적 세계와 객관적인 외부세계 사이의 직접적인 연결고리로서 중요한 의미를 갖는데, 이는 과거가 결여된 채 그것만의 내적 의미에 의해 떠오른 생각으로써 나타나게 되었다.

장소란 단순히 주어진 공간이 아니라 컨텍스트 속에서 역사를 품고 기억이 공존하는 공간이다. 즉, 기능적인 쓰임새 이외에 다양한 것들이 교차하여 만들어지게 되는 공간인 것이다. 그것은 한순간에 만들어질 수 있는 성질의 것이 아니다. 시간의 기억과 역사가 켜layer로 쌓여 컨텍스트를 이루고 장소적 성격을 갖는 것이다. 따라서 이러한 장소성의 중시는 그 지역의 풍토와 기억, 역사, 이미지 등을 중시하는 흐름으로 발전했으며 이것은 결국 지역주의의 건축으로 이어지게 되었다.

-지역주의 건축

지역주의 건축은 내가 무언가를 논리적인 이성으로 만들어낸다는 것보다는 지역에 잘 어울리고 사용자에게 편한함을 줄 수 있는 **'존재'**를 만들어내기 위한 태도에 가깝다고 볼 수 있다. 건축은 당연한 말이지만 구축되게 되면 주위 컨텍스트에 속하게 된다. 적절하게 그 지역에 배치되고 그 사이트에 적정 규모로 앉혀질 때 비로소 주변과 어울릴 수 있을 것이다.
예를 들어, 어떤 건축물에 지역에 맞는 사람들이 살고 있지 않다면 이상한 느낌이 들 것이고 반대의 경우에도 마찬가지 일 것이다. 지역주의 건축은 제2차 세계대전 이후 국제주의 건축과 같은 이데올로기적 건축에 대한 반발의 경향으로 나타나게 되었다. 지역주의 건축의 특성은 환경에 융합하고 장소성을 존중하고, 전통을 고려하고 자연적 요소를 중시한다.

국제주의 양식의 건축은 새로운 가능성을 보여주었지만 그만큼 폐해역시 존재했다. 오늘날의 건축 역시 '의도적으로 낯설게 하기' 내지는 '의도적으로 눈에 튀거나 랜드마크적인 것이 되고자 하는 열망'으로 가득 차 있기 때문에 과잉적인 표현으로 지나친 느낌이 드는 작품이 많은 것이 사실이다. 오늘날의 건축 역시 이러한 과도한 욕망으로부터 자유롭지 못한 작품들이 많다. 또한 건축가들은 대부분 유명해지고 싶은 욕구와 충동때문에 상업적 성공을 욕망하는 건축주의 요구와 결합하여 과격한 디자인을 선호하는 경향이 강하다. 그러나 지역주의적 건축을 추구하는 사유는 욕망을 가라앉히고 풍토건축에서 보여지는 교훈에 따라 그 지역에 오랜 기간 어울릴 수 있는 순수하고 차분한 건축을 선호한다.

명확히 보여지듯이 풍토건축은 근대 지역주의의 논의를 거쳐서 발전되었다. 이것은 한 지역의 종교적, 문화적 특성과 특히 자연지형, 기후, 건축재료 등을 기반으로 하여 나타나는 건축으로 환경의 영향에 대한 직접적인 반응을 나타낸다. 풍토건축의 타당성은 그 지역에만 국한되며 세계화되어 있는 현대의 상황-혼합, 교류 등에는 한계를 보일 수밖에 없다. 건축인들이 여행하면서 그 지역만의 건축환경을 굳이 찾아가서 보는 이유는 무엇일까? 그 이유는 그 지역만이 가지고 있는 독특한 자연환경, 기후 등에 영향을 받아 다른 지역에서 나타나지 않는 독특한 환경과 조화되는 특성의 건축물들을 볼 수 있기 때문일 것이다. 이러한 풍토건축의 건축적 요소들에서 현대건축에 일부 응용할 수 있는 것들이 발견될 수 있겠지만, 전체적으로 전 인류에 보편적으로 두루 통용될 수 있도록 하는 건축물을 만들기 위한 사례로 쓰이기에는 문제가 있다.

지역주의 건축이 2차 세계대전 이후에 나타나기 시작했던 방법론이라는 것은 어떤 면에서 큰 의미를 지니고 있다. 앞서 언급한 바와 같이 국제주의 양식의 폭력적 동일화를 극복할 수 있는 대안으로 제시되었기 때문이다.

-지역주의 건축의 건축적 특성

60

61

지역주의 건축을 표방하는 건축물은 여러 가지 면에서 국제주의 양식과는 대비되는 특성을 보인다. 국제주의 양식의 건축물과 같이 깨끗한 하얀 입면과 장식이 배제된 입면, 철저한 기능적 공간, 교리적 원칙을 적용한 건물들과는 사뭇 다른 양태를 보이고 있는 것이다. 지역주의 건축은 세심하게 '자연과 지역 컨텍스트의 경관' 속에 정착된다. 지역주의 건축은 대부분 그 지역에 사는 인종의 평균 치수에 맞추어 적절한 스케일의 건축을 추구한다. 누

60. 자생적인 지역주의 건축의 군집전경, 수단, 반디아가라, 도곤족의 주거
61. 자생적인 지역주의 건축의 군집전경(모로코, 페스)

구나 어느 지역에서 생존하기 위해 쉘터나 주택을 짓는다면 제일 먼저 눈에 쉽게 보이는 주위의 재료를 이용하여 구축하기 시작할 것이다. 건축재료는 자연스럽게 그 지역에서 많이 나오거나 지역 컨텍스트가 선호하는 자연재료를 선호하며 있는 그대로의 물성이 드러나도록 한다. 이를 위해 지역주의 건축은 현지 재료를 의도적으로 사용하고 건설방법이나 구축방식에 있어서 현지에서 자주 사용하는 수공예적 방법론을 많이 사용한다. 또한 모던건축의 추상성보다는 직접적인 감각에 더욱 의존하는 경향을 보이게 마련이다. 그래서 지역주의 건축은 하나의 특정한 이즘~ism과 같은 이데올로기가 아니라 건축을 임하는 자세라고 설명할 수 있을 것이다.

지역주의 건축은 국제주의 건축의 오만한 엘리트주의와 몰역사성(역사적 단절), 이데올로기적 특성에 반하여 등장했다고 볼 수 있다. 따라서 지역주의 건축은 그 지역만이 지니는 독특한 장소성과 역사성을 최대한 담아내고 인간적인 요소를 담아 통합시키고자 하는 움직임으로 생각할 수 있다. 지역주의 건축은 이러한 근대건축의 유산을 연계한 모더니즘 방법론은 사용하되 과거의 방식을 재해석하여 지역적으로 융합가능한 건축을 추구하는 경향이다. 건축분야에서는 알바 알토가 처음 이러한 융합가능한 건축의 경향을 보였다.
포스트모던 건축물은 모더니즘 계열의 건물의 획일적인 어휘에 반대하여 산업적으로 다양한 건축어휘를 적용하여 상업적으로 이용되는 측면에 관심을 보인 것이지만 지역주의 건축은 지역에 적합한 어휘와 구체적인 공간 및 실체를 적용시키는 것이다. 그래서 지역주의 건축은 환경과의 융합과 장소와의 융합을 가장 중요하게 생각한다.

자연 및 지역과의 상호작용을 통해 의미를 생성하는 것, 이것이 바로 설명한 바와 같이 현상학에서 강조하는 요소들이 포함되는 것이라고 할 수 있다. 지역주의의 전통은 국가별, 지역별 특성을 기반으로 하고 장소성 혹은 풍토와의 관계를 통해 풍토건축을 새롭게 재조명하려고 노력한다. 이것은 지역의 특수한 풍토적 요소들로 인해 적응하면서 생겨난 주거나 문화의 특정한 양태로 나타난 것이다. 이것들은 당연히 시간의 흐름속에 자연스럽게 기능의 요구에 따라 재료 및 자연에 적용되는 양태가 변화하는 것이다.

자연스럽게 지역의 컨텍스트를 중시하는 지역주의 건축은 그 지역의 풍토와 문화, 지역성을 융합하여 조화롭게 표현하기 마련이다. 풍토는 기후, 기상, 지질, 토양, 지형, 경관 등을 종합한 단어이다. 따라서 풍토는 그 지역만이 가지고 있는 자연적 특성이 재료를 포함하여 건축에 반영되는 경향을 보인다. 기후(온도, 습도, 풍향 포함)와 땅과 토질, 그리고 물의 상황 등은 인간의 생활과 정신, 문화에 절대적인 영향을 미치게 된다. 세상에 던져지고 주위 환경에 적응해야 하는 존재인 인간은 자연스럽게 자신이 속한 풍토에 맞추고 적용하여 살아야 하며, 오랜 기간 그 지역에 살아왔던 선조들의 지혜가 녹아 있는 주거 및 문화에 길들여지게 마련이다. 집을 구축하는 것 역시 그러한 선행학습이 지속되어 구축되기 마련이며, 자연스럽게 재료는 그 지역에서 보편적으로 많이 나는 흔한 재료를 사용하게 된다. 그것이 가장 저렴하고 편리하기 때문이다.

지역에는 기후 및 토질(지형), 물의 상황에 따라 형태 및 주거의 군집 역시 전통적, 토속적 차원의 보편적 형태를 보이게 된다. 사람들이 오랜 시간 한 지역에 살게 되면 그 지역만이 가지고 있는 전통적인 형태언어를 만들어 나가게 되는 것이다. 이 형태언어에는 오랜 시간동안의 역사적 요소와 재료, 사유체계, 생활풍습 등이 녹아들면서 구축되게 된다. 따라서 선조들의 DNA에 새겨진 지혜로운 방식이 전수되고 지역의 산세와 지형에 어울리는 건축물들, 즉 환경에 친화되는 건축물들이 만들어진다. 그러나 단순히 현대성을 담은 풍토건축이라 함은 옛 것을 답습하는 것이 아니라 그 시기의 현대성과 문화가 담겨져서 새롭게 재창조시키는 것으로 보아야 한다. 결국 풍토적 특성을 반영한다는 것은 주변 자연적 조건, 토지의 상태, 에너지 보존, 환경친화 지역적 표현 등에 반응하여 새롭게 재창조해낸다는 의미를 지니고 있다.

앞서 살펴보았듯이 지역주의 건축은 환경에 융합되는 자세, 존재자를 드러내기 보다는 그 지역에 적합한 '존재'가 되는 장소성을 만들어내는 태도이다. 따라서 지역주의 성향의 건축은 그 지역의 독특한 경관 속에 녹아들어갈 수 있도록 계획된다. 그리고 그 건축은 사람과 지역과 자연을 매개하여 연결시켜준다. 이른바 세계-내-존재가 되는 것이다. 지역주의 건축은 자연스럽게 국제주의 양식의 기능적이고 기계적인 구축방식보다는 장인적이고 수공예적 가치가 상대적으로 우선시될 것이며 형태표현 및 시각, 촉각적 요소들을 도입하려는 시도가 더 많아지게 된다.

62. 모하카르 산악도시

–현대 지역주의의 표현양상

동시대의 지역주의적 표현양상은 환경 친화적으로 지역의 빛, 기후 고려하고 자연과의 접촉을 증대시키는 방향으로 가고 있다. 또한 반오브제적 형태를 추구하며 건축물 및 공간들의 재현, 재해석을 통해 문화적 특성, 장인적 탐구와 구축성 회복시키고 있다. 공감각적 건축은 이성 외의 부분인 감성에 접근하여 시각, 촉각, 후각, 심상의 자극을 추구하고 있다.

지역주의를 표방하여 활동하는 건축가들 중 대표적인 인물들을 꼽으라고 한다면, 핀란드의 알바 알토와 멕시코의 루이스 바라간, 리카르도 레골레타, 스페인의 리카르도 보필, 캄포 바에자, 이탈리아의 카를로 스까르빠, 스위스의 마리오 보타, 피터 줌터 등을 들 수 있을 것이다. 이들의 건축경향은 이후 살펴보도록 할 것이다.

63. 지역 기반의 건축적 어울림

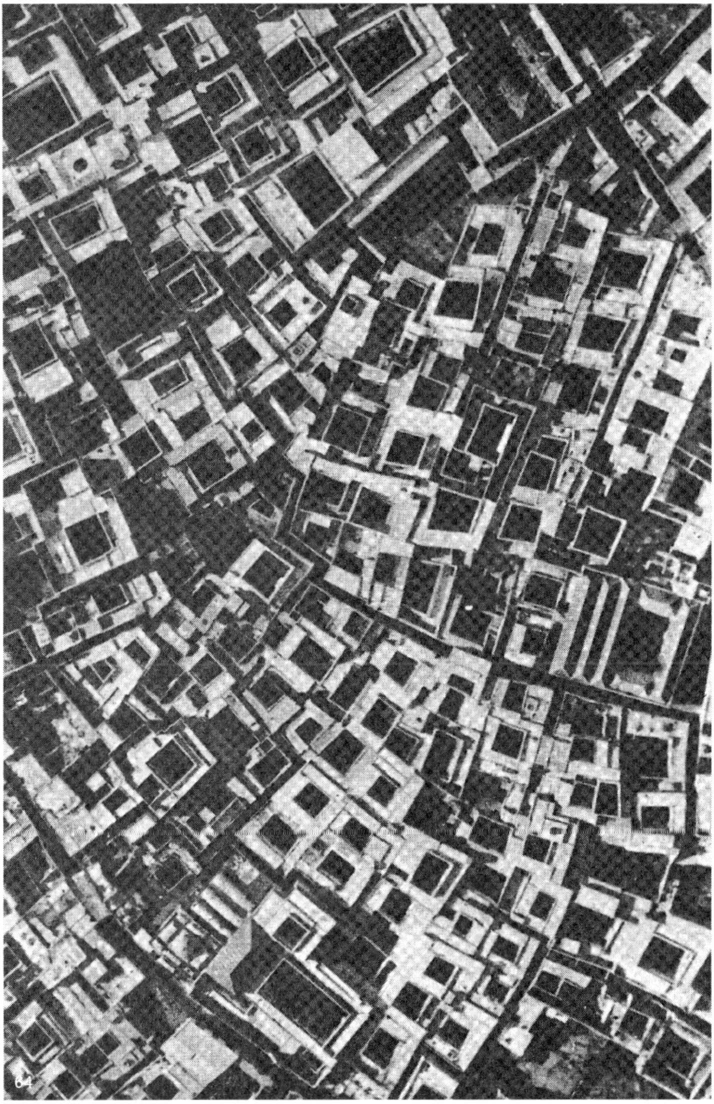

64. 지역 기반의 건축배치 Zanzibar, 모로코

2011 알바 알토의 건축관

모더니즘적 건축물들은 전 세계 어느 곳에 삽입하여 적용한다고 해도 주거 및 기능에 전혀 이상이 없는 건축물이다. 당시의 기술 및 재료 등의 가능성을 통해 어느 곳에서도 공식과 같이 적용할 수 있는 근본적인 면에 집중한 것이라고 이야기 했다. 국제주의 양식으로 대표되는 건축가 중에 이러한 사고를 했던 사람들은 흔히 4대 거장으로 회자되는 르 꼬르뷔지에, 미스 반 데어 로에, 프랭크 로이드 라이트, 월터 그로피우스 등으로 이야기 했다. 그러나 이 시기에 4대거장의 사고를 바탕으로 지역주의적인 특성의 건축을 추구한 알바 알토가 있었다.

흔히, 알바 알토는 일반적으로 5대 거장이라고 하면 포함되기도 하고 4대 거장에는 포함되지 않는 경우도 있다. 그만큼 건축사에 큰 족적을 남긴 건축가임에 분명하다. 위에 보이는 바와 같이 그의 조국 핀란드의 지폐에는 그의 초상이 새겨져 있다. 핀란드에서 알바 알토라는 인물이 우리나라의 신사임당, 세종대왕급의 위인으로 추앙받는 존재인 것이다. 어째서 그는 4대 거장과 나란히 거장에 속하기도 하고 아니기도 한 것일까. 단적으로 이야기하면 그의 건축은 모던건축 특히 국제주의 양식의 건축적 아이디어와 표현방법을 고스란히 사용하고 있으면서도 플러스알파+α를 가지고 있기 때문이다. 그 플러스알파는 바로 핀란드 지역성을 잘 반영하는 지역주의 건축의 감성을 잘 보여주고 있다는 점이다.

65. 알바 알토가 새겨진 핀란드 지폐
66. 알바 알토가 계획한 주택

67. SaynatsaloTown Hall, 1952
68. Villa Mairea

그는 빛을 통과시키는 적극적인 천창과 중정, 백색의 색채를 사용했으며 긴 겨울동안 짧은 낮 시간의 특성을 지닌 북구의 환경적 특성을 잘 이용하여 구축한 인간적인 공간을 보여주고 있다. 알바 알토가 디자인한 파동치는 곡선의 벽 및 천정과 큰 면과 벽면의 대비는 그의 독특한 디자인 어휘가 되었다. 또한 평면은 정형과 비정형의 형태가 중첩되어 나타나 파동치는 곡선과 대비현상을 보이고 있으며 유려하고 따뜻한 느낌의 핀란드산 침엽수 소재를 사용하여 곡선이 더욱 더 인간적인 느낌으로 다가올 수 있도록 계획한 것은 한편으로 국제주의 양식의 폐해를 극복하고자하는 제스처라고 해석할 수 있다. 확실히 그의 건축공간은 누구나 느낄 수 있을 만큼 인간적이고 따뜻한 감성을 지니고 있다. 그의 대표적인 작품 빌라 미아레아는 자작나무 숲에 자연스럽게 배치되어 완벽하게 풍경과 조화를 이루어 내고 있다. 장대를 엮어 벽을 세우고 부분부분 잔디밭을 배치시켰다. 또한 내부는 바깥 풍경과 시각적으로 중첩되고 확장되며 불확실성의 현상학적 수용성을 느낄 수 있도록 세심하게 계획되어 있다. 푸른 초원에 하얀 오브제가 떠있듯이 비물질화되어 국제주의 5원칙이 완벽하게 구현되고 이성적으로 통제되어 있는 빌라 사보아와는 여러 면에서 대조적이다.

그의 건축물의 이미지 자체 만을 흑백의 논리로만 표현해보면 국제주의적 양식이 잘 드러나는 매끈한 건축처럼 보이지만 그의 건축이 핀란드의 지형과 특유의 침엽수림에 배치되어 있는 장면을 보게 되면 느낌은 달라진다. 포근하고 안락한 장면으로 다가오는 것을 느낄 수 있다. 그러다가 그의 작품의 컬러를 보게 되면 재료가 눈에 들어오면서 국제주의양식의 말끔한 모습보다는 특유의 재료의 본성과 색채가 눈에 띠게 되고 더욱 더 지역주의 건축과 가깝다는 느낌을 받게 된다. 실내에 들어오면 알토 특유의 감성으로 빚어진 파동치는 곡선의 천장과 벽면의 장면을 만날 수 있고 재료는 핀란드 침엽수로 만들어진 따뜻한 색과 질감을 느끼게 된다. 특히 그가 디자인한 미려한

69

70

71

69. 따뜻한 느낌의 실내
70. 파동치는 벽의 감수성
71. 알토의 실내의 파동치는 벽과 그가 디자인한 가구

가구들과 어우러지면서 편안함을 느끼게 된다. 이어 그가 계획한 건축물을 직접 방문하면 사진 속에서 보았던 이미지와 느낌보다 훨씬 스케일감이 아담하고 인체에 적합한 사이즈인 것에 다시금 놀라게 된다.

이렇듯 그의 건축은 4대 거장으로 대변되는 국제주의 양식의 교리를 충분히 담고 있지만 앞서 논의했던 폐해를 극복하는 모습을 상당부분 보이고 있다. 현대사회의 담론으로 넘어오는 교량과 같은 역할을 했던 현상학적 사유가 물질화된 존재적 특성이 잘 드러나고 있다는 점에서 알바 알토를 뛰어난 건축가라고 평가할 수 있다.

알바 알토의 건축물은 초기 핀란드의 전반적 경향과 낭만적 고전주의를 통합한 표현방식을 보여주었다. 예를 들면 근로자 회관의 경우 도리아식의 열주, 아치 문이 있는가 하면 기능주의 원칙을 보여주면서 한편으로 자연과 지역성을 고려하여 작업을 수행했다. 그러면서도 그의 건축은 자연을 대상으로 한 건축의 표준화를 이루었다. 이러한 면은 국제주의 양식의 교리를 충실히 따르면서도 국제주의 양식의 폐해를 어느 정도 극복하려고 하는 움직임이었다고 말할 수 있다.

알바 알토,
Vouksenniska Church 내부

2012 비판적 지역주의

지역주의 건축이 한 시대를 풍미한 이후 한참 세월이 흘러 80년대에 새롭게 언급되기 시작했던 비판적 지역주의critical regionalism는 저명한 건축비평가인 케네스 프램턴Kenneth Frampton이 주도적으로 논하였던 담론이다. 초기의 프램턴은 지역주의와 비판적 지역주의를 구분하지 않았지만 점차 모던의 특성을 발전적 관계에서 재조명하면서 지역주의를 접목하는 방법론을 옹호하는 비평을 지속했다. 비판적 지역주의를 간략히 말하면 모더니즘과 지역주의를 창조적으로 재해석하고 잘 융합하여 재창조하자는 움직임으로 정의할 수 있을 것이다. 따라서 비판적 지역주의는 변증법적 성격을 지니고 있으며 전통적인 지역주의적 특성과 함께 이성의 신봉 및 모더니즘 시대의 요소들이 발전적이고 비판적으로 계승되어 융합됨을 의도하고 있다. 일반적인 지역주의적 관점에서 모던의 특성을 더욱 발전시켜 변증법적인 발전의 방향을 수용하게 된다.

이러한 사고는 다분히 하버마스라는 철학자의 '모더니티, 미완의 프로젝트'라는 사유로부터 영향을 받았다고 할 수 있다. 하버마스는 모더니티가 나름의 폐해가 있었지만 자체 내에서 모순을 극복하고 점진적으로 진화해나가고 있음을 발견했다. 진보적 이성의 믿음을 가지고 있는 그는 이성이 자체적으로 발전해나가고 있는 것이고 그동안의 폐해는 발전해 나가는 과정의 한 부분이라고 여기고 극복해야 할 대상이라고 생각했다. 건축분야에서 비판적 지역주의의 흐름은 지역적 가치와 이미지와 함께 외부적인 모더니티의 요소를 적극적으로 반영함으로써 자생적인 요소들을 성숙시킬 수 있다고 생각한 것이다.

따라서 비판적 지역주의와 지역주의와의 차이점을 살펴보면, 지역주의는 국제주의 양식에 대한 반발을 통해 모더니즘과 대립되는 태도를 취하는 것에 반해, 비판적 지역주의는 모더니즘의 초기 의도와의 연계성을 강조하고 비판적인 입장을 취하게 된다. 두 가지를 적절하게 혼합하여 재창조하기 위해서는 의도적인 비판의 자세를 견지해야 할 것이다.

따라서 비판적 지역주의는 모더니즘의 폐해적 특성에는 반대하지만 진보적, 보완적인 특성을 믿고 발전시켜 나가는 자세를 신봉한다. 또한 단순한 지역특유의 풍토건축이 되는 것 또한 거부한다. 컨텍스트상의 전통적 경관에 안주하는 것을 거부하고 전통적 경관에 기본을 두지만 일정한 거리두기 혹은 **'낯설게 하기**Defamilarization'[15])를 통해 친숙하면서도 새로운 경관으로 만들어내는 것을 기본으로 한다. 또한 대지에 순응하면서도 신체의 다감각적인 내용들을 풍부하게 포함시킨다. 물론, 비판적 지역주의는 현상학적 태도에 근거하고 있지만 일정부분 진보적 특성을 믿고 행동하고 있으므로 이후의 프랑크푸르트 학파의 계보에 강하게 영향을 받았다는 점을 인식할 필요가 있다.

위에서 살펴본 바와 같이 비판적 지역주의라는 용어는 단순히 지방에서 생성된 토착적인 것만을 의미하는 것이 아니라, 지역문화나 특정국가의 문화와 보편적인 진보적 문명 사이에 대립이 존재할 수 있기 때문에 그것을 비판적으로 바라보고 서로의 적절한 상호보완 및 융합이 필요하다고 생각한 것이다. 지역 고유의 문화를 유지하면서 새롭게 시대성을 가미해 창조하는 것은 항상 비판적 작업을 수용하면서 함께 수행되어야 하는 것이다. 케네스 프램턴은 그러한 관점에서 지역주의 작가들을 분석하고 비판적 지역주의라는 용어를 사용했다.

하버마스의 논리적이고 비판적 이성을 중심으로 하는 모더니티는 아직도 진행 중이며 비판적 지역주의가 수용하고 있는 모더니즘적 전통을 변증법

15) 낯설게 하기는 브레히트의 '소격효과'와도 유사하지만 단순한 기법 이상의 의미를 지닌 것으로 궁극적으로는 문학과 비문학, 예술과 예술 아닌 것의 경계를 구분하는 하나의 근거가 되기도 한다. 현대의 누보 로망들이 끊임없이 독자의 '기대지평'을 좌절시키면서 새로운 형식을 창출하는 것과도 유사하다. 낯설게 하기의 속성은 문학 속에 내재되어 있는 것이라기보다는 작품과 독자 사이에서 나타나는 심리적 작용에 의해, 독자에게 형성된 자동화된 문학적 관습에 의한 '기대지평'의 좌절로 나타난다. (소설학 사전, 1999, 문예출판사 부분 인용)

적으로 발전시키고 있다. 인간은 세계와 대지 그리고 건물 사이의 실존이며 단순히 기존 선조들의 방법론에 안주하는 것이 아니라 새로운 시대성에 맞추어 새로운 창조를 지속하고 끊임없이 세계와 인간 사이의 괴리감을 극복할 수 있도록 노력해야 된다.

이러한 태도는 적절하게 주위 지형과 대응적인 입장을 취하면서 기하학적인 형태를 도입시켜서 낯설게 하는 역할을 수행한다. 비판적 지역주의는 모더니즘과의 연계성을 추구하면서 지역주의를 비판적으로 받아들여 새롭게 재창조하는 것을 주장하였다. 자연스럽게 이러한 건축물들은 자연적 조건과 전통적 조건을 동시에 바라보게 되며 기후와 풍토를 고려하고 색채와 질감을 선택적으로 바라보면서 빛을 창조적으로 사용하는 경우가 많다. 또한 전술했던 바와 같이 두 가지를 융합하는 가운데 친숙하면서도 한편으로는 **'낯설게 하기'라는 의도적 수법**을 사용한다. 또한 전통적 건축의 느낌이 나는 추상적 공간이나 형태를 사용한다. 이 과정에서 자연스럽게 지역적 요소들을 재인식하고 이것을 분해하여 재구성하는 수법을 사용하게 된다. 또한 전통적인 시공기술 및 재료 등도 비판적으로 사용하게 됨으로써 재창조 과정 중에 이질적인 요소로 사용되기도 한다. 이러한 요소들이 전통적인 감정을 불러일으키면서도 새로운 느낌이 드는 낯선 느낌으로 다가오게 되는 것이다. 한참 유행했던 미니멀리즘Minimalism의 건축 장면들이 이러한 낯설게 하기의 표현을 충실히 반영하는 것이다.

이와 같이 비판적 지역주의 건축의 표현기법은 모더니즘의 공통적인 특성의 순수하고 단순한 미니멀적인 형태에 가까운 추상적 표현을 즐겨 사용한다. 지역주의가 단순히 지역의 대지에 순응하여 조화롭게 배치되는 것을 주된 목표로 한다면 비판적 지역주의는 그것을 새롭게 재해석하여 오히려 강조하는 경향을 보이며 어느정도 주위의 컨텍스트와 순응하는 매스이지만 전체적인 분위기 자체는 낯선 감정을 들게 만든다.

또한 창조적 재해석의 과정을 통해서 낯설게 하기가 주요한 수법으로 쓰이게 된다. 낯설게 하기의 과정은 지역적 요소를 인식하고 요소를 독립적으로 추출하여 가공한 뒤 새롭게 조합하여 낯선 형태 및 공간을 만들어내는 과정을 거치게 된다. 당연히 이러한 과정에는 작가의 창조적인 비판적 자기성찰의 태도가 요구될 것이다.

이러한 방식으로 작업한 건축가들로 멕시코의 루이스 바라간과 같이 지역 특유의 색채와 공간적 감성을 지니면서도 미니멀한 방식으로 표현함으로써 전통적 느낌을 창조적으로 재해석하는 경우가 있다. 카를로 스카르파도 이딜리아의 오랜 지역싱과 전통적 요소 및 공간들을 적절히 보존하면서 현대적 느낌의 공간과 장인적 디테일을 가미하여 창조적으로 현대적 공간을 만들어내고 있다. 안도 다다오 역시 르 꼬르뷔지에의 모던적 건축어휘와 일본 전통건축 공간의 요소들을 반영하여 경험적 요소로 승화시켜 낯설게 하기에 성공한 건축가이다. 피터 줌터 및 마리오 보타 역시 스위스의 아름다운 자연과 자연에 녹아들어 있는 지역색이 강한 전통건축에 영향을 받고 모던 건축어휘를 창조적으로 재해석 하여 사용함으로써 전통과 모던이 조화를 이룬 공간을 창조해내고 있는 것이다.
풍토의 특성 및 지역의 전통과 조상의 지혜를 수용하면서 진보적 변화사항까지 녹여내고자 하는 비판적 지역주의의 자세는 오늘날에도 여전희 의미 있는 건축관으로 볼 수 있다.

72. 카를로 스카르파의 브리온 베가 가족묘지
73. 루이스 바라간 주택

2013 이야기성(시나리오)과 움직임의 공간적 경험을 중시하는 흐름

건축물 내의 공간을 거닐거나 건축물 속에 사는 것은 필연적으로 공간의 경험과 체험이 동반되기 마련이다. 그러나 의도적으로 신체의 이동을 매개로 하여 다양한 공간의 전개가 일어나고 스토리가 발생하고 시공간의 내용들이 전개되는 가운데 오감을 자극시키는 흐름을 의도적으로 만들어내는 수용미학과 관련된 건축경향이 존재한다. 이것은 일방향적인 이야기구조를 거부하고 양방향적인 상호교감을 중시하는 흐름이며 20세기 이전의 전통적인 소설 등의 이야기 구조는 거의 대부분 작가가 독자들에게 이야기를 처음부터 끝까지 시간의 전개순대로 이야기해주는 형식을 취하고 있다. 독자는 수동적으로 이야기 구조를 받아들일 수밖에 없다. 끝까지 읽어보아야만 결과를 알 수 있다. 그러나 공간의 상호작용과 자유로운 신체적 움직임과 공간구조는 다른 인식의 결과물을 만들어낼 수 있다. 이같이 수용미학은 상호반응을 중시한다.

물론, 이야기성과 과정공간의 체험요소가 전적으로 현상학적인 요소라고 단정하여 이야기할 수는 없다. 당연히 대부분의 건축물의 공간은 체험하는 것이다. 그러나 신체의 체험이 가장 중요한 개념으로 강조되고 신체의 이동 및 흐름 가운데 주체와 외부의 세계가 적절하게 교감을 이루고 창조적으로 공간 및 기능을 재해석하여 사용될 수 있게 계획하는 자세는 자연스럽게 현상학적 요소를 포함하며 건축가 역시 그러한 사고에 기반을 두고 있는 경우가 많다. 지역주의 건축을 표방하는 건축가들이 주로 이러한 요소들을 자주 이용하고 있다. 알바로 시자, 안도 다다오, 피터 줌터 등 많은 지역주의 건축의 성향을 보이는 건축가들이 이러한 요소들을 창조적으로 사용하고 있다. 그만큼 지역적 기억과 풍토를 현대적으로 치환하여 사용하기 위해서는 의도적인 건축적 체험을 통해 지역성의 기억을 융화시키는 것이 매우 중요하기 때문이다.

건축적 산책

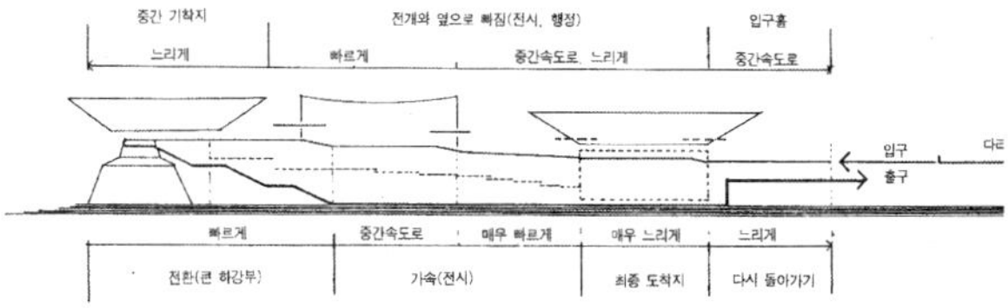

공간의 경험

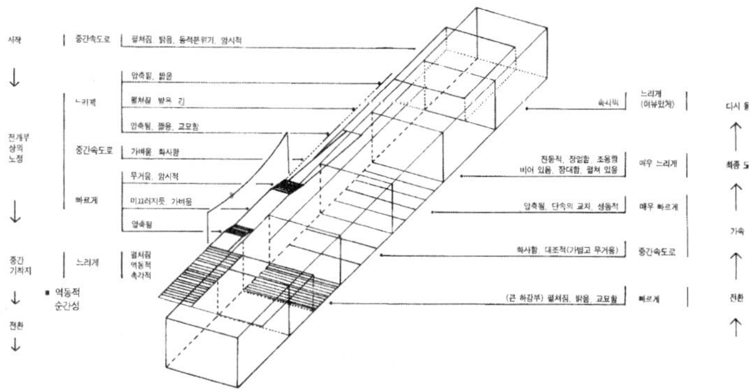

74

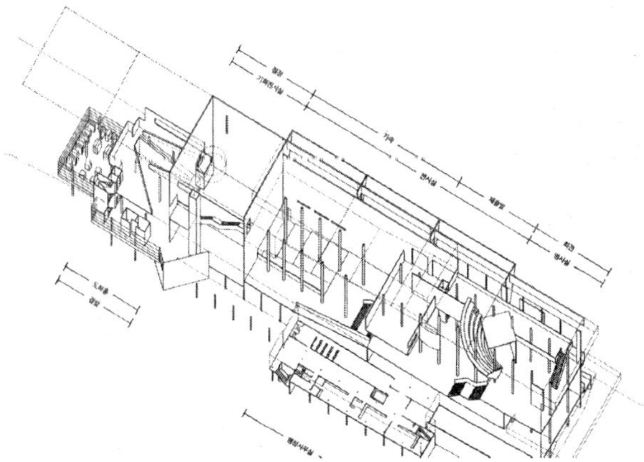

75

74, 75. 시나리오성에 따른 건축적 움직임과 경험을 중시하는 다이어그램, 건축공간박물관 김현철 작품

–수용미학

수용미학은 해체주의를 논의할 때 텍스트적 사유와 그에 대한 변용에 대해 이야기할 때 주로 언급된다. 그러나 인간의 경험과 몸의 이동과 관련되면서 주위 환경의 해석에 따라 새로운 의미를 부여하며 생산해나가는 측면이 있다는 것을 생각했을 때 수용미학 역시 일정부분 현상학적인 요소들을 포함한다고 이야기할 수 있다. 이후 책에서 서술하겠지만 현상학과 해체주의는 일정부분 공통영역을 공유하고 있다.

인간은 물화된 세계와 어떤 방식으로든 자신의 해석을 부여하여 자신이 이해한 바에 따라 행동하고, 의미를 부여하는 행위를 통해 자신의 존재가치를 찾게 된다. 역사와 기억의 저장소 역할을 하는 건축 역시 마찬가지로 이러한 관점에서의 의미를 부여할 수 있는 대상이다. 이러한 인식론적 관점에서 보았을 때, 1960년대 이후로 기호학적 논의와 수용미학의 논의가 활발하게 진행되어 왔다. 특히 문학부문에서는 텍스트를 해석하는 과정에서 수용자(독자)의 중요성을 강조한 수용미학이 여전히 활발하게 논의되고 있는 '경계해체' 현상의 중요한 부분이었다. 작가의 의도에 의해 일방적으로 제시하여 강제적으로 수용되기 보다는 스스로의 참여를 통해서 이야기를 만들어나가 소외현상을 극복하는 현상 역시 수용미학의 일부라고 말할 수 있을 것이다. 문화현상과 각종 예술경향은 일방향적인 작품의 제시로 끝나는 것이 아니라 능동적으로 관객들이 참여하여 소통하려는 방향으로 나아가고 있다.

수용미학은 1960년대 이후 제기된 문학연구의 새로운 연구방법으로 문학작품의 해석과정에 수용자(독자)의 중요성을 강조했는데, 이것은 다양한 분야에서 대상을 분석하는 유용한 틀로서 작용해 왔으며, 이것은 건축작품에 담긴 효과구조와 그것을 경험하는 수용자(독자)의 경험구조, 그리고 상호간의 작용을 이해하는데 도움을 주고 있다.[16] 전혀 관계가 없는 듯한 프로그램

16) 길성호, 건축작품의 수용미학적 해석 건축학회 2002년 22권 p589

의 공간들이 충돌하며 병치되고 대 공간 속에 불확정적으로 배치되어 다양한 동선을 통해 스스로 공간을 경험하면서 자신의 이야기를 만들어나가는 현대건축공간의 경향을 고려해보았을 때, 이러한 문학부문의 수용미학은 건축을 분석하는 틀로 자주 사용되고 있으며, 후기 구조주의 이후의 작가들에 의해 많이 언급되었고, 건축 및 컨텍스트의 역사성, 예술성이 독자, 즉 수용자의 작품 체험 속에 끊임없이 참여하여 재생산 된다고 강조하고 있다. 이러한 과정 속에 일방적인 관계보다는 상호작용을 통한 소외 극복의 긍정적 관계가 형성되게 될 것이다.[17)]

수용미학은 문학의 텍스트나 건축의 컨텍스트 또는 역사에 대한 이해의 기준을 수용자의 '심미적 경험'에 두고 있고, 이것을 건축에 도입하여 생각하면 기존의 건축어휘의 구성방법과는 다른 형태의 공간 위계나 구성조직 변화를 가져오면서 효과적인 참여를 가능하게 하고 의미를 재생산시키는 공간구조를 만들어낼 수 있게 된다. 수용미학적 태도는 텍스트를 다양한 의미의 층위를 갖는 구조로 만들어 일관적인 스토리 라인으로 만드는 것을 배격하고 독자마다 심상 가운데 새롭게 지각하여 재구축하게 만드는 전략을 사용한다.

현대 건축어휘가 된 파편화, 불확정성, 연속성, 혼성, 상호침투, 복잡한 알레고리화의 과정 등의 건축어휘들은 해체주의 시기의 형태적 표현뿐만 아니라 이후 경험적 요소를 열어놓는 다층구조를 형성하고 능동적인 참여를 위한 공간을 구체화한다. 여기서 신체는 건축과 인간의 정신이 만나는 매개체로 인식된다.[18)] 다른 예술장르가 관객들과 피부적으로 혹은 촉각과 시지각으로 인식가능한 스케일의 범위에서 인지되는 것과 문학에서는 행간行間을 통하여 개인의 심상속에서 읽혀지는 것과는 달리 건축은 인지가능한 스케일을 넘어서는 경우가 많은 '공간 속에서' 시간의 흐름 속에서 자신의 신체를 직접 이동시키면서 기억의 축적과 되살아남 속에 이야기를 재생산해내

17) 현대문학의 텍스트를 읽어나가는 과정은 일종의 오독의 과정이며, 독자가 각자 읽어감에 따라 이야기에 참여하여 서로 다른 느낌으로 자신의 경험에 비추어 이야기를 재생산해 나가는 양방향적인 경향을 보이고 있다.

18) 기호학에서의 기표와 기의의 논의와 같이 서로간의 끊임없는 미끌어짐 자체가 계속되는 움직임과 오독속의 창조적 재생산으로서의 과정을 나타내는 것으로 이해할 수 있으며 건축공간에서는 이러한 사이공간의 이벤트요소를 통하여 끊임없이 움직임을 만들어내는 과정을 통해 의미의 새로운 생산이 가능해진다.

게 되는 것이 특징이다.

다양하고 다원적인 특성을 지니는 현대 사회에서 예술과 문화자체는 점점 그 경계를 허물어 가고 있다. 문화가 크로스오버Cross-over, 퓨젼fusion화 되어가는 것이 화두가 되고 있고 명확하게 기능을 한정하기 보다는 적당한 범주만 주어지고 그 안의 행위는 스스로가 만들어가는 행태가 주류로 이어지고 있다. 이는 단순한 장르간의 융합을 넘어서서 고급문화와 서민문화, 전통과 현대문화사이의 복합화, 상호 융합을 통해 새로운 창조성을 가져오고 있다. 이러한 과정 속에 참여하게 하고 상호 교류하고, 끊임없는 재생산을 하고, 선도적 역할을 하지만, 대중과 유리되지 않고 적절한 관계를 유지하면서 창조적으로 다시 만들어나가는 과정이 지속될 때에 세계에 의미를 부여하고 애착을 가질 수 있는, 다시 말해 소외의 개념이 극복되는 세계가 될 수 있을 것이다. 현대의 경향은 점점 작가와 건축물간의 1대 1의 관계에서 多대 多의 관계로 재편되고 있다. 형태적인 면에 있어서는 건축의 파편적이고 불확정적인 평면과 의미론적으로는 복잡한 알레고리가 형성되는 다의적이고 모호한 성격의 과정을 나타내는 경우가 많다. 현재의 다원화된 사회에서는 벽을 통한 안과 밖의 이분법적인 공간구분을 거부하고 균질적, 모호한 공간적 한계를 지향하는 건축형태 및 외피의 재료로 나아가고 있다. 명확한 실의 사용보다는 적절한 범주만 있고 행위 및 프로그램은 시대와 상황에 맞는 기능으로 변화되어 갈 수 있는 여지를 주는 것이 이러한 능동적인 사용자 중심의 의미부여 과정과 연관지울 수 있을 것이다.

현상학과 관련된 주요 건축가와 건축작품

2014 스티븐 홀의 건축

76

동시대 건축가 중에 현상학과 관련하여 가장 대표적인 건축가는 스티븐 홀Steven Holl일 것이다. 그는 익숙한 것을 받아들이지만 그것의 익숙함과 관습적인 것을 거부하고 새롭게 독창적으로 창조해 왔다. 그는 건축이 세상과 동떨어진 특별한 예술이 아니라 인류의 폭넓고 다양한 욕망을 충족시켜야 하는 예술이어야 한다고 강조한다.[19] 이 건축가는 현상학적인 측면을 꾸준히 자신의 건축적 화두로 생각하고 작업을 하고 있다. 아마도 동시대 건축가 중에 현상학과 몸 철학이라는 철학담론을 생각했을 때 스티븐 홀이 가장 독보적으로 현상학적 철학사유를 현대성을 반영시켜서 건축화시키는 작가라고 판단된다.

스티븐 홀이 자신의 건축을 이야기함에 있어서 현상학적인 내용을 이야기한 것을 먼저 살펴보자.

건축을 지각의 문제로 사유하기 위해서, 우리는 불신을 없애고 마음의 반 쪽인 이성에서 해방되어야 하며, 단순히 유희遊戲하고 탐험해야 한다. 이성과 회의주의는 깨달아야 할 것이 있다. 이 실험에서 이즘~ism은 믿을 수 없는 것이다. 직관이 우리의 여신이다.

76. 스티븐 홀의 초상
19) 스티븐 홀, 빛과 공간과 예술을 융합하다, 이원경 역, 레베우스 우즈 서문, 미메시스, 2012

창조적 정신을 제거해야 한다. 이성적 판단보다는 시간 속의 종합이 중요하다.
-스티븐 홀-

그의 현실인식을 보면 앞서 살펴본 익숙한 내용이 나오고 있음을 확인할 수 있다. 무전제의 원리, 의식의 종합, 시간의 종합, 이성의 폐해로 상징되는 이즘ism의 불신과 종합을 위한 직관의 중시를 볼 수 있다. 또한 신체를 이용하고자 하는 지각의 현상학적 접근방식도 엿볼 수 있다.
그의 주요 저작의 제목을 살펴보면 현상학적인 사유를 건축물에 적용하고 있는 일관적인 흐름을 읽을 수 있다. 1989년의 『정박Anchoring』은 대지에 따른 존재로서의 주거 및 건축의 사고를 보이고 있다. 정박碇泊이라는 단어에서 알 수 있듯이 자신의 건축물이 기존의 컨텍스트에 잘 어울리게 정박할 수 있는 지역주의적 현상학적 관점으로 계획을 하고 있음을 엿볼 수 있다.
이 책을 낸 시기를 전후하여 그는 특정 대지상황에 따라 건축의 논리가 중심이 되고 건축의 의미를 대지특유의 역사로 응축compression시키는 것에 집중했다. 그는 응축에 대해서 설명하면서 시詩의 본질을 이야기한다. 이것은 과학적 현상을 나누어 표현하는 것이 아니라 의식의 종합을 통해 응축하여 시적으로 표현하는 것을 중시한다는 의미이다. 응축은 하나의 컨셉을 통해 프로그램, 장소, 공간, 디테일 등 다양한 요건들을 응축하는 것, 건축에서 축소가능한 요건이란 우리가 일상에서 맞딱뜨리는 모든 것이라고 이야기한다.[20)]

이후 1994년에 『지각의 문제Question of Perception』(지각에 대한 질문)에서는 지각을 어떻게 받아들이고 표현해야 하는 가에 대한 성찰을 보여주고 있다. 그는 장소의 특수성을 굳이 언급하지 않고 '그물처럼 얽힌 경험: 사물과 장소의 융합'이라고 보았다. 그러나 그는 긴장 또는 탄력성이 거기에 존재해야 한다고 믿는다. 그는 이것을 "사람이 어떤 공간을 걸을 때 그 질감과 빛, 모든 것이 하나의 경험으로 융합되는 순간을 설명하고 싶었다"라고 말한다.[21)]

20) 과학적, 이성적 언어로 쓰는 보고서와는 달리, 시적 언어는 같은 현상이나 상황을 좀 더 응축하여 표현하며 동시에 더 많은 것을 효과적으로 포함시키고 연상할 수 있도록 만드는 힘이 있다.
21) 스티븐 홀, 빛과 공간과 예술을 융합하다, 이원경 역, 레베우스 우즈 서문, 미메시스, 2012

그는 경험적 현상과 개념이 결합되는 것에 주목하고 오감五感의 지각적 현상의 상호작용을 빛, 색채, 물, 소리 등의 현상적 영역으로 분류했다. 이후 1996년의 『짜임Intertwining』에서는 이러한 사고, 지각, 직관들을 체험을 통해 어떻게 하면 서로 하나의 것으로 결합하여 조직할 수 있을 것인가에 대한 내용의 관심사를 건축작품으로 승화시켜 수록한 작품집을 출판하게 되었다.

네 번째 저서 『시차Parallax』에서 스티븐 홀은 건축을 탐구하는 도구로서 과학의 활용에 대해서 썼다. 그는 이것을 진정한 실험으로 보았으며, 정신과 과학의 발견과 인식을 확인하고 그것들의 상호관계를 탐구했다. 관습적인 건축으로부터 탈피하기 위한 방법에 관한 담론을 적고 있다.

그의 저서『시차Parallax』에서 그는 정확한 사고로 창조된 과학적 세상과 정서의 세계에 다리를 놓기 위해 상상력을 자극하기 위한 새로운 기폭제의 역할을 하기 위해 사고와 감정이 융합되어야 함을 강조한다. 홀이 주목하는 현상에는 빛을 통한 인간의 신체의 인식이 있다. 료안지를 여름과 겨울에 방문했을 때 느껴지는 감각이 전혀 다름을 그는 마치 소설가가 특유의 세심한 감각으로 표현하고 있다.

그의 건축 스튜디오 수업에서는 항상 수업이 처음 시작되면 현상학을 먼저 공부하는 것으로 알려져 있다. 그의 사유와 작품 경향은 현상학적인 경향이 밑바탕에 흐르고 있음을 느낄 수 있다. 그의 작품들 중에서 가장 현상학적인 느낌이 강조된 두 작품을 살펴보자.

첫 번째 작품은 프랑스 생 토페즈 항구의 바다에 떠 있도록 설계되어 있는 주말주택이다. 실현된 작품은 아니고 계획안이다. 아마도 이 작품이 그의 현상학적 사유를 가장 쉽게 잘 보여주고 있는 작품 중 하나라고 생각된다. 바

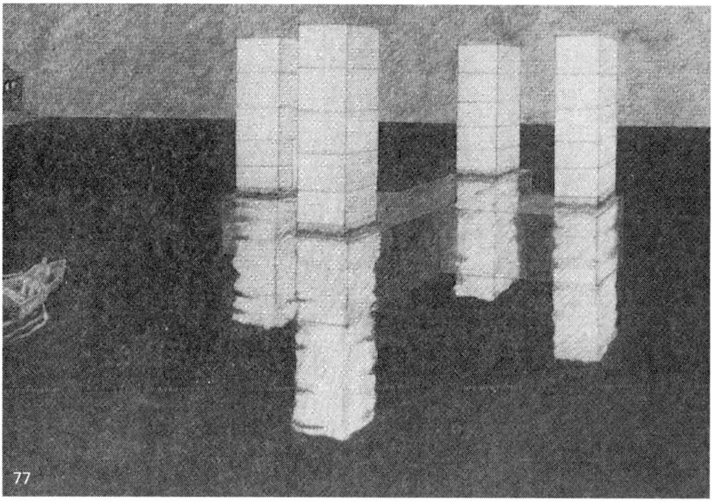

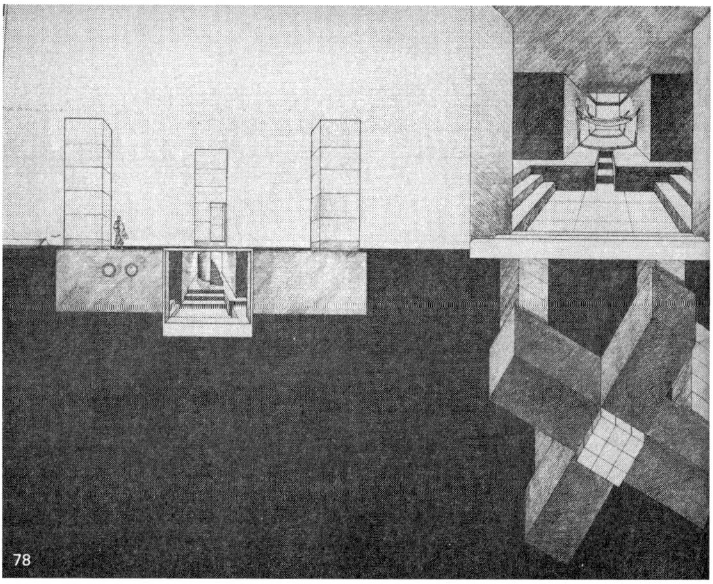

77. 생 토페즈 주말주택 계획안의 빛기둥
78. 단면과 투시도

다에 떠 있는 이 주택에 진입하기 위해서는 작은 배를 타고 접근하도록 되어 있다. 십자형태의 주택은 자체의 하중으로 인해 약간 물 아래로 가라앉아 있고 4개의 유리로 된 빛의 기둥이 솟아 있다. 우선 진입하는 과정을 상상해보도록 하자. 무언가 이상함을 느낄 수 있을 것이다. 이 주택은 일반적인 주택과는 사뭇 다르다. 입구에 도착하기 위해서는 기단을 올라가는 것이 아니라, 약간 가라앉은 주택의 천장슬래브를 밟고 지나가야 한다. 이 부분은 바닷물이 발목 정도에서 해수면 아래로 약간 가라앉아 파도친다. 이 집에 들어오기 위해서는 배를 정박시키고(빛의 기둥에 묶어놓고) 신발을 벗어 차가운 바닷물을 느끼면서 열 몇 발자국을 내디디고 걸어야만 진입구로 도달할 수 있다. 별장 속으로 들어오면 십자형 중앙의 아랫부분은 바다 아래 부분을 볼 수 있도록 유리로 되어 있다. 각각의 방 부분의 십자형 끝 부분에는 빛의 기둥이 상부에 솟아 있다. 빛의 기둥이 있는 각기 다른 네 부분의 영역은 주거에 필요한 각 기능이 배치되어 있다. 그중 한 부분(거실)에는 편안하게 쉴 수 있는 해먹이 걸려 있다. 이곳에 누웠다고 가정해 보자. 그리고 그 공간을 상상해 보자.

빛의 기둥(유리로 구성된 유리벽 기둥)의 상부에서는 아련하게 파도소리와 갈매기 소리가 들린다. 중앙 바닥에 뚫려 있는 십자형 창문으로 보이는 바다 풍경에는 자유로이 물고기들이 헤엄쳐 지나간다. 빛의 기둥은 약간 내려가 있는 물의 부분이 빛과 반응하여 산란되면서 물결의 빛의 그림자가 어리어리하게 해먹 주위의 하얀 벽부분에 비치게 될 것이다. 또한 짠 맛과 바다 특유의 비릿한 냄새 등의 후각과 시각과 청각 등의 오감이 합해져 완벽하게 바다 한 가운데에서 안락한 기운을 느끼며 쉬는 경험을 하게 될 것이다. 이를 통해 바다와 하나가 된 감각을 느끼는 현상학적, 몸 철학적 경험이 나의 생활과 하나가 되는 주거를 만들어낼 수 있는 계획을 제시한 것이다. 이 주택은 진정한 휴식과 하늘과 바다와 내가 혼연일체가 된 듯한 충분한 감각적 만

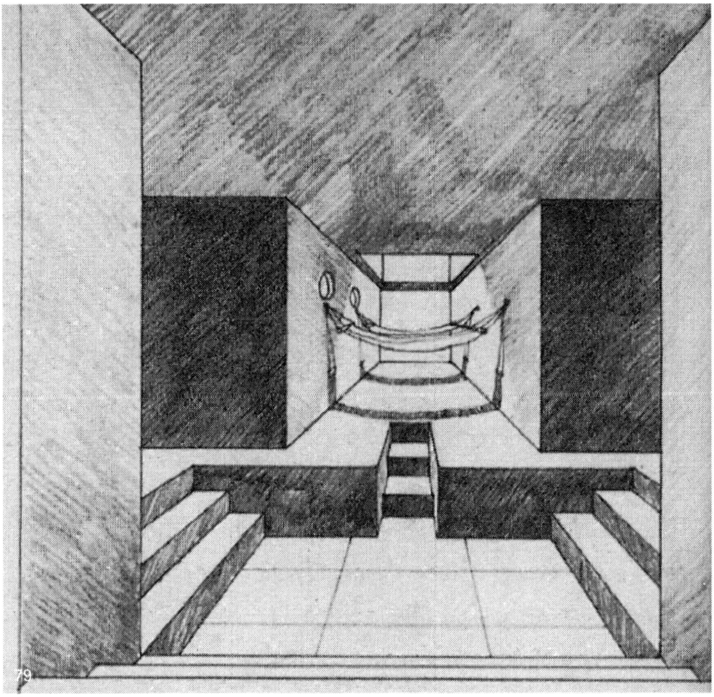

족을 얻을 수 있는 주택이라고 할 수 있으며 현상학적 개념을 가장 잘 구현한 작품 중 하나라고 보여진다.

또 하나의 작품을 살펴보도록 하자. 다음의 작품은 베니스 리도의 대지와 그곳의 물을 매개로 한 영화의 궁전 계획안(Palazzo del Cinema, 1990)이다.

이 작품은 실현되지 못하고 계획안으로 남았으므로 이 작품에 대해서도 공간을 탐험하듯 상상하며 살펴보도록 하자. 베니스 리도섬의 수로 위에 만들

79. 생 토페즈 주말주택 계획안 내부

80

81

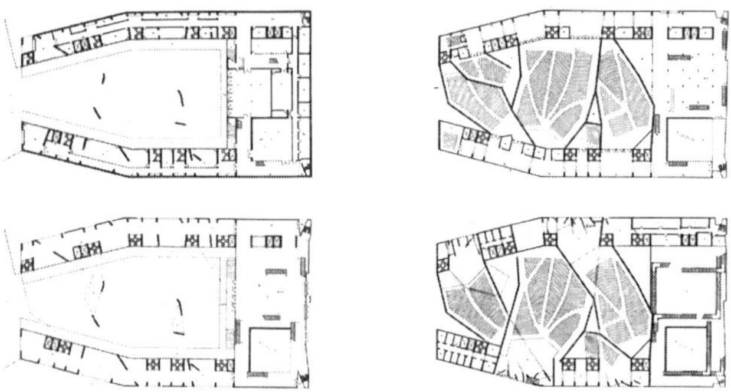

82

80. 베니스 영화의 궁전 계획
81. 베니스 영화의 궁전 계획 평면
82. 베니스 영화의 궁전 계획 입면

어진 매스들 사이로 바닷물이 출렁거리고 있다. 스티븐 홀은 이 공간 위에 위치한 극장들 매스들 사이의 틈에서는 영묘하게 내비치는 빛이 리도섬에 조심스럽게 배치된 건축물 사이사이를 가득 채우도록 계획했다고 한다. 영화의 전당에서 영화제가 열리지 않을 때는 아케이드를 따라 상점이 들어설 수도 있고 혹은 보트나 요트 정박소 기능을 하기도 한다.

여기서는 공간 속에서의 시간과 빛이 다음의 세 가지로 해석된다고 스티븐 홀은 설명하고 있다. 다양한 추상적 형태를 빌어 표현되는 시간은 건축공간과 영화의 매개체 역할을 하고 있다.

–영화 속에서 용해되고 연장된 시간

이 작품에서 스티븐 홀은 뒤틀리고 얽힌 건물의 구조와 매스들를 통해 영화 속의 용해되고 연장된 시간을 표현하고 있다. 이러한 표현은 매우 긴 시간을 단 1분으로 축약하거나 혹은 단 4초 사이에 일어난 사건을 무려 20분으로 늘려 편집할 수 있는 영화 매체의 특성과 비슷하다. 그는 이 작품에서 희미한 시간과 절대적 시간을 구분하여 말하고 있다.

희미한 시간: 극장 사이의 빈 공간을 통해 아래쪽 석호로 비춰드는 햇빛에 의해 희미한 시간을 반영하고 있다. 잔잔한 물결과 반사되는 햇빛이 웅장한 극장 건물에 활기를 줄 것이다.

절대적 시간: 로비에 있는 입방체형의 판테온과 같은 형태 속에 투영되는 햇빛은 절대적 시간을 반영하게 될 것이다

이 작품 역시 매우 시적인 건물이 아닐 수 없다. 베니스라는 천년의 유구한 세월이 축적된 사이트와 넘실거리는 물과 뱃길, 그 곳에서의 세 가지 빛의 개념, 영화라는 매체 자체가 빛을 투사함으로써 보여지는 것, 얽혀있는 매스들 사이로 새어 들어오는 빛, 그리고 매스 밑에 넘실거리는 물을 통해 반사되는 빛이 얽히면서 건물의 입면은 빛이 춤을 추는 느낌을 받게 될 것이다.

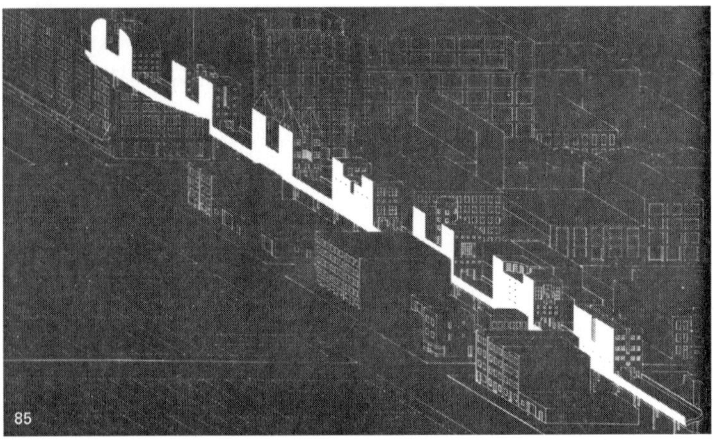

83, 84, 85. 뉴욕 주거의 다리 프로젝트

여기서 나오는 시간의 내용은 한편 앙리 베르그송Henri Bergson이라는 철학자의 시간개념, 운동개념 더 나아가 들뢰즈의 시간개념 등이 또한 연계된 것으로 이해할 수 있다. 짧게 언급하면 우리가 디지털 시계나 매트릭스로 나눌 수 있는 시간은 연대기적인 시간순의 이성적 시간이다. 그러나 우리의 심상 속이나 기억 속의 시간은 이런 시간체계와는 매우 다르다. 우리가 살면서 경험하는 시간중에는 즐거워서 매우 짧게 느껴지는 순간이 있고 때로는 너무나도 지루하고 아득하게 길게 느껴지는 순간도 있다. 실제로는 매우 짧은 순간임에도 불구하고 말이다. 또는 트라우마에 의해 그 시간이 우리의 심상 속을 자주 찾아오는 경우에도 그 시간은 다른 차원으로 다가온다. 이처럼 몸과 관련된 시간은 상대적이다. 이 내용은 이후 7권의 생성의 철학을 나루변서 좀 더 자세히 이야기 하도록 할 것이다.

그의 초기 작품 중에는 교량을 주제로 하는 작품이 많다. 교량의 상징적 의미는 앞서 다자인Dasein, 즉 세계-내-존재와 연결의 의미와 개념을 살펴보았듯이 건축물과 사회와 커뮤니티, 자연과 존재와의 연결을 의미한다. 이것은 존재자로서의 연결을 의미하는 것이다. 또한 분리된 이성을 극복하고자 하는 상징물이라고 할 수 있을 것이다. 뉴욕 브롱스 체육관 교량 계획안이나 1991년의 주거의 다리가 그러한 개념의 작품이다.

이것은 계속적으로 존재와 연계성을 생각하면서 기존에 존재하는 다리를 철거하는 대신에 재사용하면서 도시에 활력을 불어넣고 보행자 도로를 만드는 도시재생 계획이었다. 보행자 도로를 설명하는데 있어서 다리는 한 장소에서 다른 장소를 이동하는 것 이상이며, 이것은 공존과 다양성에 대한 언급이라고 표현하고 있다. 또한 이 다리 위에 결정자의 주거, 의심자의 주거, 의견 없는 자의 주거, 수수께끼, 꿈의 주거, 4개의 탑이 있는 주거, 사건과 기억의 주거를 올려놓았다. 각각의 주거에는 거주할 사람들의 행태를 먼저 생각하고 시적으로 표현하며 구축할 수 있는 계획안을 제시하고 있다. 이 작품은 기존 컨텍스트에 구조적으로도 기능적으로도 매우 시적인 주거가 덧붙여져서 새로운 존재의미를 갖게 된다. 계획안에서는 교량위에 각 개념을 지닌 집들이 배치된다. 교량 자체는 앞서 논의한대로 매우 현상학적인 개념이다.

이처럼 주체와 대상(객체)를 묶어서 혹은 연결해서 사유하는 현상학의 기본적인 개념으로 인해 건축분야에서는 연결의 직접적 구조체인 교량(다리) 등

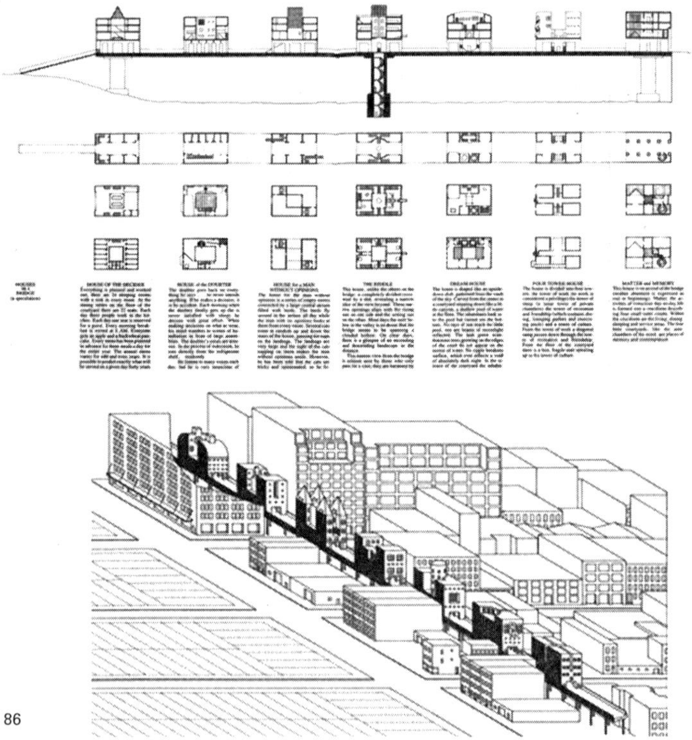

86

86. 뉴욕 주거의 다리 계획안 평면

이 자주 사용되곤 한다. 교량은 특성과 분위기가 다른 두 컨텍스트를 연결해 주고 두 가지 경계에 위치하며 자연스럽게 한 가지 분위기에서 다른 분위기로의 전환 내지는 전이를 이끌어낼 수 있다는 특성이 있어서 현상학적 특성을 표현하기에 용이하다.

교량과 관련된 건축계획은 현상학적인 사유를 매우 직접적으로 대입한 사례라고 할 수 있다. 그렇지만 하이데거의 사유를 생각해보면, 단순히 아무나 거주할 수 있는 공간을 만드는 것이 아니라, 쓰임새를 생각하고 그 사람의 특성과 직업에 맞는 주거를 제시한다. 이 주거는 교량 위에 놓인다. 주거 dwelling는 자연을, 사계절을, 공동체를, 사회를 연결해주는 교량과 같은 가교 역할이라고 했다. 교량 위에 올려놓은 존새사로서의 주거, 거주자의 특성을 고려하여 존재가 될 수 있는 주거, 지향성과 괄호치기가 될 수 있는 주거, 이것이 바로 스티븐 홀이 추구하는 바였을 것이다.

87

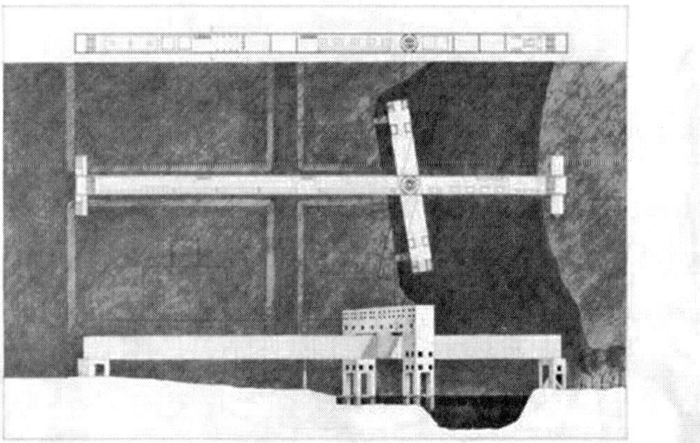

87. 시간과 움직임과 관련된 뉴욕 브롱스 체육관 교량 계획안

88

89

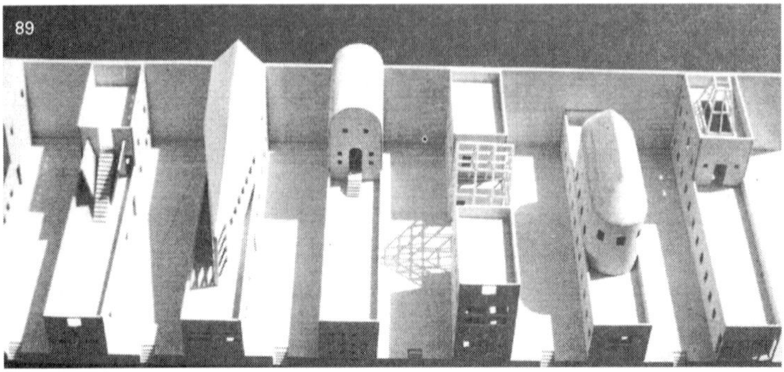

90

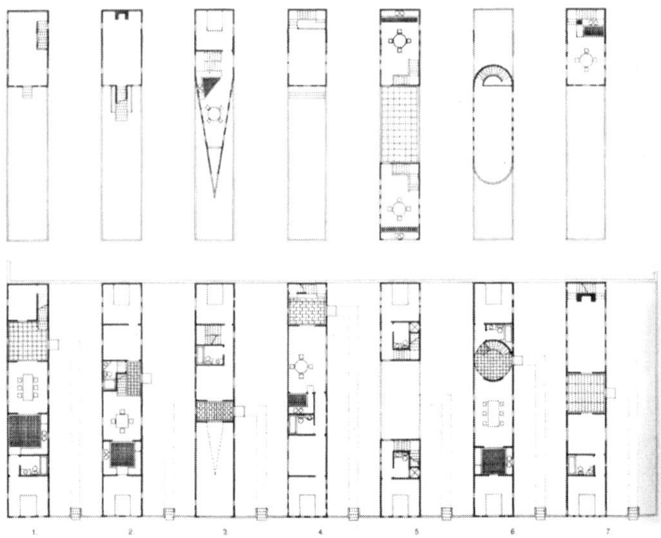

88. 자치적인 장인들의 주거 계획안
89. 자치적인 장인들의 주거 계획안 모델
90. 장인을 위한 주거 도면

자치적인 장인들의 주거에서는 기존 창고를 장인들이 사용하는 주거로 만들어지는 것으로서 각각의 창고벽에 기대어 사적 정원들이 계획되고 테라스를 가지는 구조이다. 이 주거들은 각 장인의 특성과 성격에 맞게 시적으로 적용되어 표현되면서 각 장인들의 삶의 특성과 존재를 충실히 반영하는 존재자로서의 주거들을 실현해내고 있다.

물론, 그의 작업과 공간을 구성하는 각 장인들의 특성을 완벽하게 반영하여 그들의 삶의 양식을 위한 주거를 반영하여 계획한 것인가는 별도의 문제로 간주할 필요가 있다. 다만, 그의 작업은 단순히 살기 위한 기계가 되고자 하는 열망과는 매우 다른 것을 느낄 수 있다. 어느 곳에서도 기능할 수 있는 주거보다는 거주자를 위한, 거주자에게 의미를 만들어 존재가 될 수 있는 장소를 만들어내고자 하는 현상학적 의지가 엿보인다고 할 수 있다.
국제주의 건축양식이 시간과 공간을 초월하여 세계 어느 곳에 이식시켜도 구축되어 사용될 수 있다는 오만함과 폭력성이 있는 건축이라고 한다면 그의 건축은 지역성과 존재자로서의 주거와 체험과 지각이 상호 관입되어 하나가 되는 건축을 추구하고 있다. 앞서 언급한 바와 같이 그의 초기의 작품집의 제목은 『정박Anchoring』이다. 정박이라는 단어에서 볼 수 있듯이 그는 독특한 대지의 상황에 따라서 건축을 마치 정박시키듯이 앉힌다(배치시킨다). 사회적 프로그램(기능)을 풀어주면서 대지 특유의 역사에 배가 정박하듯이 함께 응축시켜 녹여내는 것이다. 건물이 특수한 대지상황에 적합하게 통합되는 것이다. 스티븐 홀은 현상학적 관점으로 존중되는 대지에 적합하게 정박시키는 것과 함께 역사와 현상적으로 나타나는 외적 조건들을 창조적 아이디어와 함께 현상학적으로 풀어내는 능력을 보이고 있다. 장소적 의미를 부여하면서 개념을 만들어내고 이것을 현존의 현상적 체험을 할 수 있도록 유도하면서 이것을 통합하는 것이다. 그래서 그는 지각적이고 감각적인 경험을 통해 현상적인 공간으로 구체화시키고 있다.

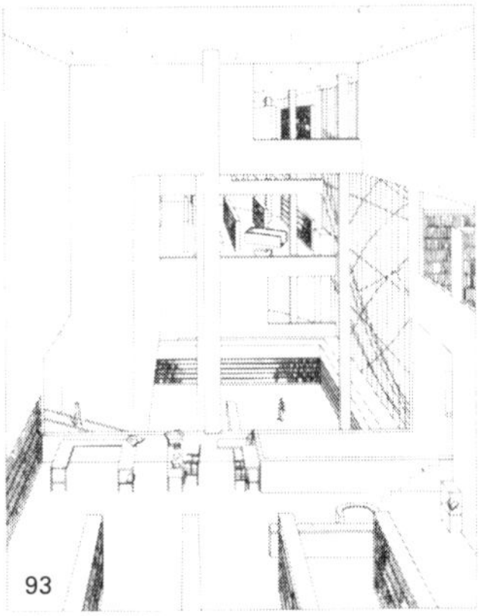

91. 베를린 도서관 현상설계
92, 93. 도서관 내부의 시퀀스 경험요소

이 건축가는 주변 환경과의 긴장, 지각의 과정에서 외부공간을 매우 중요시 취급하는 경향을 보인다. 그는 전이공간을 집중도 높은 공간으로 재편하며 중심성이 해체된 공간을 만든다. 또한 일괄적이고 특정한 상황에 좌우되지 않는 직관적 공간을 사용하고 있다. 또한 상반되는 것과의 대립성을 통해서 현상학적 지각은 더욱 드라마틱하게 체험이 가능하며 촉각적, 운동적, 시각적인 공간의 융합을 통해 실존적 공간을 구현하고 있다. 시각적인 것과 만져질 수 있고 느낄 수 있는 것을 함께 녹여내려는 노력이 돋보인다고 할 수 있을 것이다. 그는 투시도 및 공간 개념을 설명하기 위해서 수채화를 많이 사용한다. 수채화에서의 표현은 다른 건축가가 사용하는 느낌보다 자신이 당시에 느끼고 구현하려고 하는 감정이 더 많이 이입된 느낌이 표현된다.

천편일률적으로 평면에서 공간을 생각하며 스케치하고, 그리드를 그린 후 평면을 그리며, 평면에 맞추어 수직적 벽체와 입면을 그리게 되면 이미 2차원적인 한계, 그리드적인 한계에 스스로를 가두어 창조적인 생각이 틀 안에 한정되는 경우가 많다.
스티븐 홀은 실제 작업을 하기 이전에 투시도를 먼저 그리고 재료를 생각하면서 수채화의 농담을 조절해 나간다. 또 공간과 재료를 생각하여 이미지를 만든 이후 작업을 진행한다. 따라서 그의 수채화와 평면은 매우 다르게 진행될 수 있는 잠재성을 포함하고 있다. 건축의 전통적인 제작방식과는 다른 글쓰기에 대한 내용은 해체주의를 다룰 때 더 언급하기로 한다. 어쨌든 스티븐 홀은 현대건축의 어휘를 사용하고 평범해 보이는 듯한 가운데 비범함이 드러나는 훌륭한 건축가이다. 마찬가지로 5권에서 살펴보게 될 자하 하디드 역시 유화로 된 이미지를 먼저 그리고 그 이미지를 바탕으로 하여 도면화하는 과정을 거친다. 츄미 역시 다이어그램 같기도, 일러스트 같기도 한 시퀀스의 이미지를 바탕으로 도면화하는데, 이를 통해 기존의 방식에서는 만들 수 없는 독특한 공간구조를 만들어낼 수 있는 원동력이 되고 있다.

94, 95. 스티븐 홀의 수채화

또 하나의 감각과 직관이 어우러진 체험의 공간의 좋은 사례로 종교건축인 성 이그나티우스 교회(1997)를 들 수 있다. 이 작품에서 스티븐 홀은 관념과 형태 사이의 유기적 결속을 만들어내고 있다. 수많은 경험의 충돌이 신체의 현상적 경험을 통해서 구체화된다는 전제가 되어 다양한 빛의 작용과 함께 다감각적인 수공간과 어우러져 묘한 공간감과 감각을 선보이고 있는 것이다. 감각적 공간과 촉각적 경험을 통해서 공간에 내포된 이론적 개념과 신체 간의 교류를 촉진시키는 작용을 하게 된다. 이 교회에서는 전이공간이 현상학적으로 중요한 역할을 한다. 확장되는 느낌과 영성을 담아내는 느낌의 수공간은 현상학적인 경험을 극대화하고 있다. 빛의 중요성, 우연성, 반사와 시간의 변화 감지가 이 작품의 중요한 개념이다.

그는 **'공간의 시간의 얽힘'**을 '공간적 표현'으로 구체화할 수 있다고 생각하고 신체의 움직임을 통해서 다양한 건축적 장치를 통해 현상학적 공간을 제시하고 있다. 작품도 훌륭하고 또한 생각의 일관성과 건축적 완성도, 사고의 깊이 등을 생각했을 때 스트븐 홀은 오늘날 현상학적 건축에 있어서 중심적인 인물로 인정받는 것은 자연스러운 것이다.

96. 성 이그나티우스 교회 내부의 빛처리
97. 교회의 빛처리를 위한 모델 스터디

헬싱키의 현대 미술관의 경우, 뒤틀린 곡선의 연속은 관람자의 변화되는 전망을 체험가능하게 하고 단면적으로 공간과 빛이 어우러지고 자연채광을 통해 작품 관람을 하게 된다. 풍경을 안에 담고 있는 내부공간들은 뫼비우스의 띠처럼 안팎이 바뀌면서 대지를 형성하게 된다.

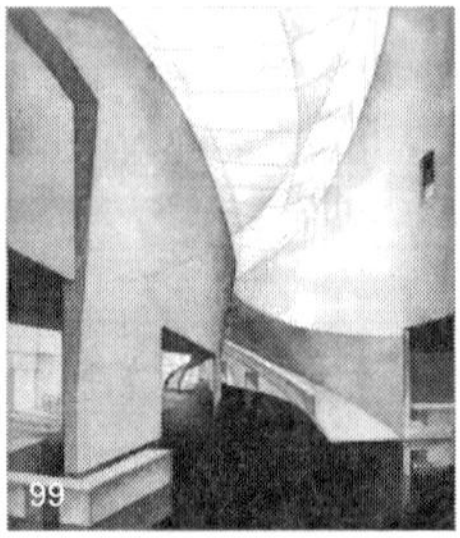

스티븐 홀의 경우, 현상학적 개념을 자신의 건축 주제로 일관되게 추구하고 사유하여 건축작품을 창조하는 건축가들 중 대표적인 인물이다. 그는 감각과 신체에 대한 계속된 주제의식이 건축공간과 재료 및 분위기에 녹아들어갈 수 있도록 끊임없이 노력한다. 그의 건축어휘는 일견 현대건축의 일반적인 특성들을 사용하고 있는 듯 보이지만 그 가운데 독특한 어휘와 재료 및 공간분위기를 사용하여 과하지 않은 비범함을 보여주는 수준급의 작품을 선보이고 있다. 그의 작품목록에서 고민하고 추구했던 현상학적 건축방법론은 현대 건축에 많은 것을 시사하고 있으며 계속적으로 응용가능한 것들로 가치가 충분하다.

98. 헬싱키 미술관 전경
99. 헬싱키 미술관의 내부 수채화 스케치

2015 알바로 시자의 건축

경험을 중시하는 시적인 건축, 사용자의 측면을 강조하는 건축을 추구하는 건축가 중에 건축작가로서의 독특한 지위를 형성하고 있는 알바로 시자가 있다. 알바로 시자는 모던 건축가의 원리와 교리의 연속선상에서 건축의 진면목을 보여주는 인물이다. 또한 시자의 작업은 모던 무브먼트[22]의 진수를 펼치는 작가로 생각될 수 있다. 모던 무브먼트 건축과 건축가들의 영향이 알바로 시자의 작업에 있어서 많은 부분을 차지하고 있다. 그의 건축을 보면 라이트나 알바 알토의 건축을 생각나게 한다.

건축작품 경향 중에 '건축은 시와 음악이 굳어진 산물이다' 라고 주장하면서 시학詩學적인 내용을 강조하는 건축가들이 있다. 우리나라에서는 김중업 선생 같은 분이 이러한 경향에 속한다고 할 수 있다. 시적인 표현을 중시하는 건축가가 꼭 현상학적인 부분과 일치한다고는 볼 수는 없을 것이다. 그러나 적어도 시적인 표현을 하는 건축가들의 공통적인 특성은 자신의 건축이 마치 '흐르는 물'처럼 혹은 **'흐르는 음악 혹은 빛의 파동이나 기억의 한 순간을 그대로 굳게 만든 건축'**을 선호하는 경향이 있다는 점이다.

앞서 우리는 하이데거를 언급하면서 시적 언어에 대해서 살펴보았다. 이것은 인간의 심리적, 이성적, 사회문화적 요소들을 종합적으로 담아내야 하는 건축의 특성상 단순히 살기 위한 기계로서의 언어로는 이것들을 담아내는 데 한계가 있을 수 밖에 없으며 다른 차원의 언어와 접근방식이 필요하다는 자세이다.

100. 알바로 시자의 초상
101. 김중업의 초상,『시적 울림의 세계』

22) 국제주의 그룹이 만들어냈던 근대건축의 5원칙에 해당하는 내용과 순수한 표현체계 등을 중시했던 운동이다. 시자는 4대 거장의 표현체계를 그대로 수용하고 있다.

주관적인 감성의 한 부분을 그대로 예술적으로 표현한 경우가 그런 경우이다. 물론, 예술적 표현이라는 것 자체가 모두 그런 속성을 지니고 있으니 모든 사례가 다 이러한 현상학적 측면이 포함되어 있다고 볼 수는 없을 것이다. 다만, 건축가의 많은 경험이 녹아있는 세심한 계획으로 자연과 하나가 되는 듯한 느낌이 든다거나 형태와 공간상에서 이야기성과 시적 감수성이 풍부하게 느껴지는 경우가 있는 경우, 우리는 빛과 공간과 시간과 기타 내용들이 건축물 속에서 하나로 융합되어 느껴짐을 경험할 수 있다. 특히 지역성과 장소성을 강조하는 건축가, 실존을 강조하는 건축가, 시간적, 시적 표현방식을 강조하는 건축가들은 대부분 이러한 사고에 영향을 받았다고 할 수 있다.

라파엘 모네오는 시자에 대해 비평하면서 포루투갈 시인 페소아가 한 표현을 다음과 같이 인용하고 있다.[23)]

나는 말하는 것을 좋아한다. 다시 말해, 나는 말로 표현하는 것을 즐기고 있다. 나에게 있어서 단어라는 것은 만질 수 있는 신체이거나 볼 수 있는 사이렌Sirene[24)], 구체화 된 관능성이다. 아마도 실제의 관능성이 최소한, 지적으로 혹은 나의 꿈 속에서 흥미를 주지 못하기 때문에, 내 안의 욕망은 구어적 리듬을 만들고 다른 사람의 이야기에서 그것들을 적어두는 태도로 변화되었다. 그것들은 아무런 의미가 없는 문장을 형성한다. 물처럼 부드럽게 흐르는 것을 나는 느낀다. 흘러가면 잊혀지는 냇물, 잔물결이 서로 섞이고 한정짓지 못하는 것으로, 다른, 여전히 다른 잔물결을, 그리고 여전히, 다른 것을 만들어내고 있다. 따라서 사고와 이미지들은 표현적인 것으로 인해 가슴이 고동치며, 상상으로 얼룩지고 불명확한 달빛과 같이 희미하게 비추는 곳의 희미한 실크의 행렬 속에 소리를 내면서, 나를 관통한다.

23) 라페엘 모네오, 8인의 현대건축가, 임기택 외 역, 공간사, 2008, p246
24) 배를 타고 가는 선원들을 아름다운 선율의 노래로 매혹시켜 여인 쪽으로 다가오면 암초에 의해 배가 난파되어 침몰하게 만드는 캐릭터이다. 남성을 매혹시켜 파멸에 이르게 만드는 팜므 파탈의 전형적인 특성을 보여주고 있다.

102. Marco De Canavezes 교회

매우 시적이고 주관적이지만 이러한 감정과 감각들이 한 순간 굳어져서 그러한 감정과 감각이 건축물에서 느껴질 수 있고 체험될 수 있을 것이다.

그의 작품 태도는 현실을 인정하고 주위 컨텍스트에 관심을 기울이고 재료와 건물이 거주할 사람들과 어떠한 관련을 맺는가에 대해서 관심을 기울인다. 시자의 관심은 순간의 가치를 인식하여 존재자로서의 건축을 만드는 것에 있다. 그는 폭력적으로 어떤 관념의 세계나 구축질서로 인도하는 것이 아니라 특정 순간의 감정과 감각과 주위와의 연계되는 순간으로 우리를 인도하듯이 공간을 구축한다.
그는 사실, 작품을 보여주는 스타일이지 자신의 건축론이나 사고에 대해서 많은 말을 하지 않는 것으로 유명하다. 그러나 그의 건축에 대해서 언급한 것을 보면 대략 8가지의 중요한 요소들이 등장하는데 다음과 같다.

1) 사이트를 먼저 고려하는 자세(장소를 중시하는 자세)
2) 카페에서 사람들과 이야기하고 익명성과 인간애의 책임감을 느끼면서 작업하는 것
3) 거주자 및 사용자를 중시하여 계획하는 자세
4) 전통성에 근거한 작업(분쟁, 타협, 혼성화, 변형 인정)
5) 모든 작품을 관통하는 명확한 이론 및 방법을 인정하지 않음 (파도에 표류하는 배) – 우연적 다중적인 것 중시
6) 건축의 다양한 주체 인정(설계자, 시공자, 거주자 등)
7) 진행 중인 작업의 판단 및 해석 금지
8) 현존의 중요성, 낯설음 중시

장소를 중시하고, 책임감, 거주자 및 사용자를 중시하는 것, 거주자들에 의한 변형을 인정하며, 다양한 주체, 섣부른 판단 및 해석을 중지하는 것(판단

중지), 현존의 중시 등등… 이 모든 것을 생각해 보면 우리가 전에 살펴보았던 현상학적 개념과 가치를 충실히 반영하고 있는 것을 알 수 있다.
라파엘 모네오Rafael Moneo는 다음과 같은 단어로 알바로 시자에 대해서 설명하고 있다.

> 장소place : 모든 건축의 기원
>
> 거리distance : 짓는 사람이 바로 다른 사람이라는 사실을 환기시키는 것
>
> 토론discussion : 건물을 사용하게 될 사람들에 대해서 주의를 기울이는 것
>
> 접촉contingency : 각각의 특정한 문제에 대한 해결이 작업의 컨텍스트의 현실과 같이 수반하는 분쟁 속에서 느껴지는 것
>
> 불확실성uncertainty : 작업의 시작부터 추구되는 목적의 애매함으로 인해 나타나는 것. 그것의 반응은 단념이 아니다. 반대로 잘 된 작업이 놀라움의 결과로 나타나는 것이 만족의 원천이 된다.
>
> 조정mediation : 직접적인 사적 표현을 희생하면서 개인의 한계(구축적, 기능적, 법적, 기타 등등)를 인정하고 무언가 공동작업을 요구하는 건축.
>
> 불만족nonsatisfaction : 모든 건축 작업은 건축가의 눈으로 보면 완결된 것이 아니다. 건축가는 필요상 해결책으로 나오고 있는 현실에서 본래부터 가지고 있는 모든 분쟁요소들을 해결하는데 실패했다고 느끼는 것.
>
> 증거evidence : 사물의 독특함을 시험할 기회가 되는 건축. 모든 증거 가운데 우리를 바로 그 본질로 이끌게 될 독특함 25)

이 모든 단어들의 정의를 살펴보면 주체와 객체를 분리하여 사고하려는 근대적 이성중심의 사고를 철저히 배격하고 주체와 객체를 하나로 묶어 생각하고, 존재자로서의 건축, 거주중심의 건축, 경험 및 상호 관계에 의한 건축, 장소성과 자연에 대해 매우 중시하는 측면과 건축가로서의 자세를 살펴볼 수 있을 것이다.

25) 같은 책, p255

그의 대표작 중 한 작품을 살펴보도록 하자. 팔메이라 수영장은 알바로 시자의 대표작 중 하나로서, 자연스런 암석 가운데 풀장과 그 풀장에 이르기까지의 과정이 하나의 시적인 표현으로 잘 구축되어 있으며 자연에 대한 기대감과 오감을 자극하는 방법론으로 계획되어 있다.

103

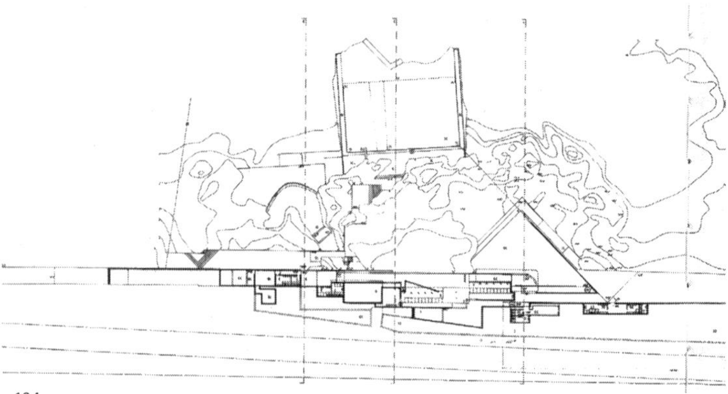

104

103. 팔메이라 수영장
104. 팔메이라 수영장 평면

끊임없이 역동적으로 움직이는 바다와 대조적으로 정적인 경험을 중시하게 만드는 필터로서의 건축적 장치를 만들어내는 그의 능력을 유감없이 보여준 작품이라고 할 수 있다. 이 작품은 건축과 주위의 화석화된 자연 풀장과의 조화가 어느 것이 먼저인지 알 수 없을 정도로 일체화된 경지를 보여주고 있다. 이 수영장에 진입함에 있어서 시자는 의도적으로 바다를 볼 수 있는 시각을 가리는 높이의 벽을 세우고 램프로 이루어진 긴 동선을 걷게끔 만들었다. 시각을 차단당한 상태에서 점차 몸은 건축적 공간을 미끌어져 이끌린다. 바다의 철썩거리는 소리, 짠 내음, 그리고 멀리서 들려오는 수영장에서 놀면서 아이들의 조잘거리는 소리들이 들린다. 기대감을 가지고 코너를 돌면, 다시 램프가 이어진다. 기대감은 더욱 고조된다. 이러한 램프의 이동을 통과하면서 기대감과 함께 일상세계로부터 분리되는 자신을 발견할 수 있게 된다. 탈의실에 이르기까지 오롯이 시선을 적절하게 차단하면서 마침내 대양을 향해 열려있는 공간으로 나오게 되었을 때의 해방감은 매우 훌륭하다. 시자는 장소와 프로그램과 건축적 해결과 경험을 이끌게 하는 면에 있어서 뛰어난 능력을 보여준다. 알바로 시자의 건축은 비교적 적은 나이부터 원숙미가 넘치는 작업을 선보였다. 모던의 어휘를 가져다 쓰면서도 디테일과 현상학적 경험의 요소들을 화학작용으로 녹여 지독한 장인정신을 가미하여 작품으로 승화시키는 그의 자세는 오늘날 후학들에게 많은 교훈을 주고 있다.

2016 피터 줌터의 건축

앞서 언급한 알바로 시자와 함께 피터 줌터 역시 많은 말을 하지 않거나 출판을 많이 하지 않는 건축가의 부류에 속한다. 그는 많은 작품을 하지 않는다. 일부러 작품 숫자를 늘리려고 애쓰지 않고 철저하게 자신의 아이덴티티를 잘 드러낼 수 있는 작품을 할 수 있는 클라이언트만을 선정한다. 특히 신자본주의적 속성이 들어가는 사이트는 철저하게 배격하는 듯 보인다. 그의 자세 자체가 본래 그러하다. 줌터는 물성, 공간과 빛에 있어서 세심한 관찰을 통해 인간의 감각을 자극하는 공간을 만들어내고 있다. 그의 공간은 후각, 미각, 촉각, 청각, 시각적인 자극을 모두 만족시킨다.

그는 음악 애호가이며 마치 작곡을 하는 작곡가와 같이 작업을 한다. 그는 인터뷰에서 자신의 작품을 루이지 노노나 애런 코플런드, 심지어 하인츠 홀리거의 음악과 같을 수 있음을 인정하면서도 밀도, 공간, 율동, 음색을 다루는 현대음악에 더 가깝다고 생각한다. 그러나 재료에 있어서는 그 곡에 적합한 한 가지의 악기만을 다루는 음악을 만들기를 원한다. 재료에 있어서 존재가 될 수 있는 방식을 세심하게 선택하고 재료의 본성에 맞추는 자세를 견지하는 것이다. 태고적 근원, 쉘터, 거주에 대한 그의 생각은 하이데거적인 사유의 흐름을 따르고 있다. 그는 하이데거의 글을 읽으며 영감을 받았다고 밝히고 있다.[26] 전통적인 것에 기반을 두지만 혁신적인 것도 받아들여 표현하려 한다. 그러나 역시 중심은 건물이 거주자를 위한 **'존재'**가 되어야 한다는 태도이다. 그는 이성의 폐해와 이데올로기를 거부하며 소박하게 건물 그 자체가 궁극적인 거주를 위한 **'존재'**가 될 수 있게 만들어주는 소박한 태도를 중시한다. 그는 강박적인 전도사와 같이 한 가지 생각과 사상을 강요하는 것을 극히 싫어한다.

105. 피터줌터의 초상

26) 나는 건축가다, 한노 라우테르베르크, 김현우역, 현암사, 2010, p267의 내용 일부 발췌

건축의 구조 자체는 존재가 아니며 빛을 통해서만 활성화될 수 있고 존재의 의를 가질 수 있게 된다. 즉, 건축은 물질구조와 비물질구조가 일체화되어 생성된 구축체이다. 이 두 요소는 빛이라는 매개체에 의해서 실재화되고 시각화되어 물질성을 획득하고 이러한 관계의 드러냄에 의해 표현되는 명료성을 통해 건축은 구축성을 갖게 되는 것이다.

그가 생각하는 좋은 건물이란 이용하는 사람이 큰 기쁨을 느끼면서 사용할 수 있는 집이다. 줌터가 할머니의 집에서 느꼈던 친밀하고 안락한 느낌, 애수, 생기 등이 우러나올 수 있는 공간과 장소성을 현대성을 가미하여 만들어 내고자 하는 것이 그가 현대건축을 대하는 자세이자 취지이다.

이렇듯, 줌터는 현상학적인 요소들을 지역적 감수성과 결합시켜 최고의 장인적인 노력으로 빚어내듯이 건축작품을 수행하고 있다.

하이데거는 짓는 것은 곧 어떤 장소에 머무르는 것이며, 어떤 장소에 머무르는 것은 거주하는 것이며 동시에 구축하는 것이자 농지를 개간하는 것이라고 말한 바 있는데 이는 구축하는 것이 인간 존재의 근원을 이룬다는 것을 의미하는 것이다. 피터 줌터의 건축에서 구축방식은 항상 대지라는 현실에서 구체적으로 시작한다. 지역 특유의 장소와 지형과 재료들이 결정되면 그것들의 요소들에 의해 건축의 형태가 결정된다. 이 과정은 역시 인간을 둘러싼 외부 환경에 반응하는 것이라고 할 수 있을 것이다. 그의 작업 역시 현상학적인 내용과 함께 비판적 지역주의의 결합으로 인해 현상학적인 주관성과 객관적 요소를 적절하게 반응시킨 요소들이 융합된 형태로 나타난다. 주관적 요소는 대지에 대한 해석과 전통적인 현상학의 주거에 대해 해석한다.

-줌터의 주거에 대한 사고

그의 작품들은 주거에 대한 개인적이고 회상적인 경험과 우리가 몸 안에 담아왔던 장소와 공간에 있어서의 존재감의 축적이 작업의 시작이 되고 있는 경우가 대부분이다. 건물의 기능에 관계없이 사람이 거주한다는 의미에서 건축물은 주거의 기능을 가장 중시한다. 그래서 그는 주거를 많이 설계했다. 그는 마치 루이스 칸의 자세와 같이 마음 속에서 자기 자신이 마치 살게 될 공간, 자신이 설계하는 집에 살고 싶을 것이라고 암시하는 것처럼 작업을 계속했다. 그는 계획하면서 물리적 형상을 상상하고 경험을 상상하며 작업한다. 이것은 하이데거의 주거개념을 사용하면서 루이스 칸이 존재자로부터 존재로 이르게 되는 방향성을 갖는 요소 또한 사용하고 있는 것이라 말할 수 있다. 이른바 현상학적인 자세에 충실한 모습이다. 그는 주위 환경과의 조화를 통해서 자연과의 교감을 가지는 건물을 계획하는 자세를 견지한다. 주위 환경과의 교감이 잘 되고 있는가가 그에게는 가장 큰 고려요소 중에 하나인 것이다. 이를 통해 오래전부터 그 컨텍스트에 존재하는 듯한 주거가 되고 이를 통해 사람들에게 평안함을 주는 안식처 및 쉘터의 역할을 담당할 수 있는 건축물을 계획하는 것이다. 주체, 주거, 세계는 그의 건축에서 항상 공존하는 개념이고 세상의 일부가 되고 상호 교감하는 대상들이 된다. 따라서 그의 사고는 논리적이고 추상적이라기 보다는 감각적이거나 직관적인 방식을 선호한다.

-대지에 대한 분석

줌터가 중시하는 또 하나의 주관적 요소를 들면 대지를 분석함에 있어서 주관적 직관이 개입된다는 점을 꼽을 수 있다. 특정 풍토와 역사, 문화적 상황을 지니고 있는 대지와 프로그램이 반응하면서 빚어지는 과정에 주체의 주관성이 자연스럽게 개입된다. 그의 작업 가운데 장소 또는 주변 환경의 일부분으로 첨가되는 요소로 간주하고 계획하는 자세 역시 그러한 요소들을 엿

볼 수 있다. 그의 계획과정에는 사고를 통해 장소, 재료, 회상, 기억, 이미지, 밀도 등이 녹아들어 하나의 공간으로 빚어지고 있다. 그리고 이러한 요소들을 미학적 요소와 형태적 요소들로 승화시킨다. 이 과정을 통해 자연스럽게 그의 건축은 장소 및 주변환경의 일부가 되는 과정을 통해서 인간과 자연과 건축이 자연을 경외하는 마음으로 상호작용을 하면서 통일성으로 나아갈 수 있다고 생각했다. 현상학에서 중시하는 괄호치기와 관계의 중시, 그리고 현상학적 환원의 과정 모두가 녹아들어가고 있음을 확인할 수 있다. 자연스럽게 그의 건축은 이러한 건축적 태도로 인해 장소와 역사의 일부로 자리잡고 그 대지의 이야기에 동화되어 계속해서 역사적 형태로 정착되어 발전해 나간다. 그 대지에만 존재하는 특정의 역사적 상황을 존중하고 특정 역사로서 성장해나가는 것, 그것이 줌터가 행하는 자세이기도 하다.

이렇게 현상학적 관점으로 사고하면서 추상적 단어들을 구체화화고 공간화하는 작업은 장소, 재료, 재현, 회상, 기억, 이미지, 밀도, 분위기, 불변성 그리고 집중과 같은 단어들이 실질적인 작업에 첨가되고 재창조되어 역사의 일

106. The Therme Vals 외부전경
107. The Therme Vals 내부 욕장 전경

부가 된다. 계획하는 과정에서 '이런 공간에 살면 행복할거야'라는 식의 선경험의 공간화는 현상학적 지향성과 관계된다. 즉, 존재자로부터 시작하여 존재(공간)으로 이르게 되는 과정을 통해서 소외되거나 동떨어진 기능의 건축공간이 아니라 진정한 존재로서 호흡하는 공간이 될 수 있다고 믿는 것이다.

그의 건축물들은 구축요소들이 빛과 결합하여 물질성을 획득하고 그 표현특성으로 명료성을 획득하게 된다. 즉, 빛은 현존한다는 느낌을 부여하는 요소이다. 빛을 통해서 물질적 요소와 비물질적 요소를 통합하여 새로운 물질성을 획득할 수 있게 된다. 직접적, 간접적, 확산된 자연과 인공조명은 줌터의 각 프로젝트에서 주의깊게 배려되어 사용되고 있다. 줌터의 건축의 요소인 구조와 재료의 접합 그리고 컨텍스트의 구축적 표현은 빛과 결합되어 구체화되고 있다. 또한 장소를 비추고 있는 특정 위도의 독특한 빛의 세기와 양이 특정 역사의 대지와 결합하면서 지역의 기후, 문화, 장소와 지역적 전통, 유형, 재료 등과 통합되게 된다.

줌터가 재료를 사용하는 방식은 석재, 유리, 콘크리트, 스틸, 목재 등 다양하며 형태보다는 재료들의 구축적인 표현과 그 틈새로 스며드는 빛의 연출 등을 결합하여 통합적 공간을 만든다. 물질은 시간의 연속성 가운데 존재하는데 줌터에게 있어서 재료의 언어는 형태보다 더 중요하게 다루어지고 있다. 재료가 가진 촉감, 냄새, 청각의 심미적인 특성들에 관심을 가지며, 이러한 특성들이 시간의 흐름 속에 인지되는 것을 통해 공간이 창조되고 있다.

108. 빛과 결합한 물질성의 획득

앞서 언급한 칸의 재료적 자세와 공간의 경험의 자세와 유사한 그의 구축적 특징은 건축에 사용되는 외부, 내부의 요소들이 구축질서를 은폐하지 않고 그대로 드러냄으로써 표현의 질서 재료, 구조 등이 시각화되고 자연스럽게 드러나게 되는데 있다. 이것은 앞서 살펴본 부르탈리즘의 자연스러운 물성의 거친 질감을 그대로 사용하는 현상학적 자세와 관련이 있다고 볼 수 있을 것이다. 자연가운데 거스름없이 자연스럽게 그 컨텍스트에 녹아드는 듯한 방법론과 자연적 재료와 구축질서를 순응시켜 전체의 일부가 되는 상황에 주목할 필요가 있다. 이 과정에서 적합하게 빛을 개입하여 그 물성과 형태를 돋보이게 하여 물리적으로 명확한 실체가 될 수 있는 구축의 정체성을 보이고 있다. 줌터의 건축은 건축의 본질적 요소인 빛의 결합을 통해 구축요소를 물질화시키면서 본질적 건축의 문제의식을 던져준다는 점에서 훌륭한 작가로서 자리매김하고 있다고 볼 수 있다.

줌터가 언급한 현상학적, 지역주의적 감성의 문장으로 건축의 본질을 다시 생각하며 마무리하도록 하자.

내가 생각하는 좋은 건축은 삶의 흔적들을 흡수하고 고유의 풍성함을 나타낸다. 재료에 나타나는 세월의 흔적, 표면의 무수한 흠집, 광택이 사라진 표면, 뭉툭해진 모서리가 떠오른다. 눈을 감고 이런 물리적 흔적과 이 흔적을 처음 접했을 때 느낌을 잊으려면 전혀 다른 인상, 더욱 깊은 감정이 남는다.
흘러간 시간에 대한 인식, 그 공간에 있던 삶에 대한 자각, 그 공간이 지닌 특별한 분위기가 남는다. 이런 순간에 건축의 미학적, 실용적 가치, 양식적 역사적 의미는 중요하지 않다.
지금 중요한 것은 나를 감싸는 깊은 우울감이다. 건축은 삶에 노출되어 있다. 건축이라는 몸이 충분히 민감하다면 지난 과거의 현실을 목격한 그대로 보유할 것이다.

『건축을 생각하다』 발췌

지각의 현상학과 사이버공간

2017 사이버공간과 몸 철학 그리고 건축

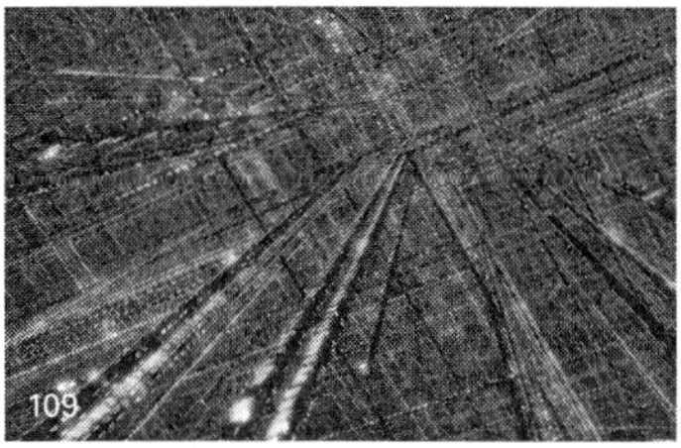

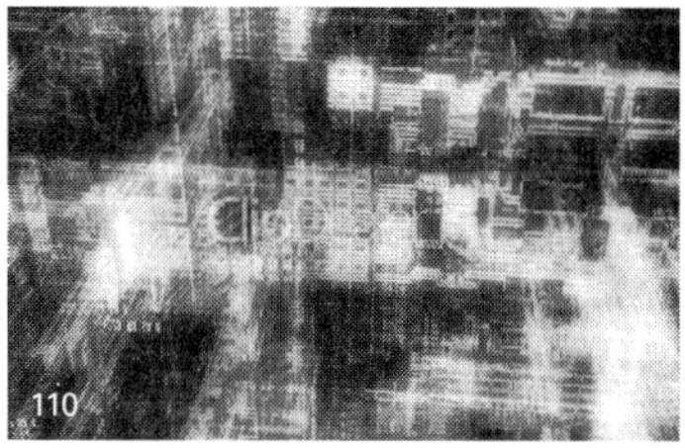

현상학적 사유를 현대적으로 재해석하여 풀어나가는 건축가들에게 현대의 사이버공간은 새로운 경험과 감각이 공유되는 장소이면서 동시에 반대로, 사이버공간 및 기술 자체가 현실공간에 영향을 지대하게 미친다는 점에서 경험과 지각의 종합을 중시하는 현상학적인 사유의 흐름상 시간을 거슬러 중요성이 날로 증가하고 있다.

컴퓨터 환경의 일반화와 네트워크화는 우리의 일상을 혁명적으로 바꾸어 놓았다. 네트워크화된 가운데 신체의 의미와 지각의 의미 등에 일대 혼란이 오면서 현실과 가상의 경계가 매우 모호한 시대가 되었다. 또한 유비쿼터스 Ubiquitous적인 환경은 사이버공간과 현실을 매개하는 편리함과 함께 디지털화 된 물리적 환경을 적절하게 통제할 수 있는 수단이 되고 있다.
컴퓨터가 "다중적인 차이"를 만들면서 모더니즘의 획일성을 대체할 수 있을 것이라고 찰스 젱크스는 믿었다. 여기서 다중적인 차이라는 것은 컴퓨터

109, 110. 사이버공간 이미지

나 전자 시뮬레이션에 의한 포스트모던의 새로운 희망을 의미한다. 그는 이러한 차이들이 스타일과 개성의 대량생산을 가져올 것이라고 생각했다. 다중 차이Multi-Playing Difference는 마치 포토샵에서의 작업처럼 켜Layer가 겹쳐지면서 새로운 현상이 생성되는 것을 의미한다.

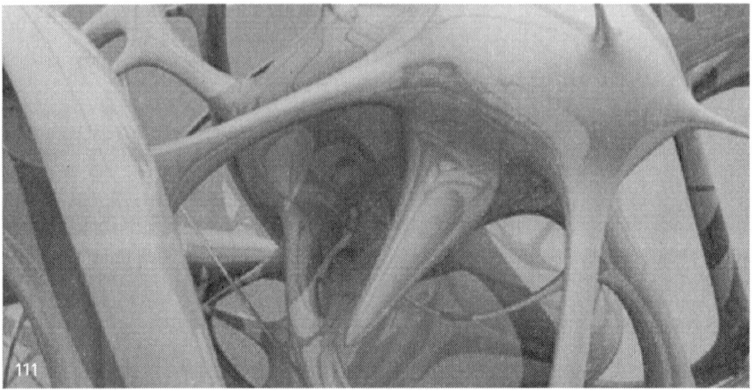

111

마르코스 노박Marcos Novak은 처음으로 트랜스 건축Trans-Architecture이라는 단어를 만들어냈으며 사이버공간 내의 "액상건축"Liquid Architecture in Cyberspace의 조류를 만들어냈다. 전이건축(트랜스아키텍쳐Trans-Architecture)는 정보와 물질, 가상과 실재, 가능성과 실질성 등이 서로 얽혀들면서 다양한 수행을 병행하게 되는 건축으로서 사이버공간 내에서 모든 정보 네트워크를 통해 정보들을 중첩시키고 가상현실과 실재의 공간을 유연하게 통합하는 유동적 건축을 통해 자신을 표명하는 건축을 의미한다.[27] 또한 그는 가상 도메인 속에서 컴퓨터에 의해 창조된 건축 디자인을 선보인 1984년 국제 일렉트로닉 카페Electronic Cafe International를 설립했다. 이는 캐나다 예술가 프로젝트의 매개물로서 가상현실에 초점이 맞추어져 있었다. 그는 액상 건축liquid architecture의 액체와 같이 디지털 도메인 속에서만 존재하는 상상의 랜드스케이프landscape 건축으로 논리적인 시각체계나 중력의 체계를 벗어난 공간체계를 의미하는

111. Marcos Novak, Turbulent Topologies .
27) 코디최, 앞의 책, p269부분 인용

건축을 추구했다. 노박은 유클리드적 기하학의 체계를 벗어나 4차원적인 표현법으로 인정받았다. 실제 공간의 한계를 인식하고 가상공간의 환경을 연구했다. 가상공간은 무중력, 원근법이 존재하지 않는 등의 현상을 발견하고 이를 구축론으로 정의했다. 형태의 기초는 유클리드 기하학에 기초하며 가상공간에서는 유클리드 기하학이 적용되지 않는다고 그는 주장한다.

그러나 단순히 가상적인 공간의 경험만이 아니라 사이버공간은 이제 일상의 공간이 되었다. 일상에서의 경험이 사이버공간속에서의 경험과 하나가 되는 듯한 느낌을 우리는 자주 경험할 수 있다. 가상공간이란 직접적으로 감지될 수는 없지만 버츄얼한 것 다시 말해 효과를 줄 수 있는 것, 즉 실효성이 있는 점이 특징이다. 버츄얼 리얼리티virtual reality의 세계가 일상화된 것이다. 그것은 눈에 보이지는 않지만 이미 실재하는 것이나 마찬가지이며 그것이 우리의 일상을 통제할 수 있는 강력한 힘으로 다가올 수 있음을 일상생활에서 감지할 수 있다.
이는 비가시성과 가시성의 관계와 비슷한 것이다. 즉, 비가시적인 것을 가시적인 것으로 표현하려는 노력과 같은 경향이라는 말이다. 그래서 가상현실이라는 말은 잘못된 것이다. 실제가 아닌데 실제처럼 느껴지게 하는 것, 버추얼이라는 말에는 가상이라는 뜻은 없고 오히려 '힘'이라는 뜻이 내포되어 있다. 버츄얼한 것에서 신체로 이동하고, 다른 한쪽은 신체에서 출발하여 신체를 초월하고 있다. 모두 다 변용의 가능성을 논하고 있지만, 한편은 순환적이며 가상공간에서 신체가 변용한 경우, 젠더와 민족성, 사회구조는 복잡한 관계성을 형성하게 된다.

요즈음은 신체 본연의 의미가 소멸되는 듯 보이면서 신체의 고전적 이미지가 시대착오적으로 정보 네트워크의 표층에 환영으로 회귀하면서 더욱 복합적인 양상을 보이고 있다.

2018 통제적 환경과 유비쿼터스

오늘날 지각의 현상학과 관련하여 유비쿼터스라는 키워드가 화두가 되고 있다.

유비쿼터스의 의미는 어디에나 존재한다는 라틴어Ubique에서 유래한 단어로서 정보통신부에서는 언제 어디서나 누구라도 손쉽고 편리하고 안전하게 컴퓨터와 네트워크를 이용할 수 있는 환경으로 정의한다. 물리적 제약을 극복하고 전세계 실시간으로 사람과 기기 등이 일체화되어 정보와 감각과 감정을 교류할 수 있는 시대가 열린 것이다. 물론 그 자체는 단순한 정보의 이동으로 볼 수도 있지만 각 개인들이 네트워크화되어 집합된 가운데 정보의 이동을 통해 생체적 신체와 연결되어 있는 상황에서 사이버공간 사이에서의 감각은 마치 신체와 신체가 긴밀하게 연결되어 있는 감각을 느끼기에 충분하다. 컴퓨터화된 유비쿼터스 환경에서 인간은 공간 및 사물과의 관계가 서로 유기적으로 긴밀하게 맺어지는 경험을 하게 되었다. 현상학에서 말하는 괄호치기와 지향성이 상호간의 끊임없는 관계맺음과 지향성을 통해 새롭게 재생산 될 수 있는 가능성이 열리게 된 측면이라고 볼 수 있다.

유비쿼터스라는 단어가 매개가 되어 현실화되는 유비쿼터스 환경이란 사용자가 디지털 정보를 매개로 공간과 그곳에 존재하는 객체들과 상호작용할 수 있게 하는 공간환경을 말한다. 오늘날 어디서든 컴퓨팅 할 수 있다는 뜻인 유비쿼터스의 특징은 네트워크 접속화 된 환경속에서 너무나 일상화 되어 컴퓨터를 사용한다는 인식조차 없는 가운데 상황에 따라 제공되는 서비스를 이용하고 누리는 것이라고 할 수 있다. 동시에 적절하고 신속한 통제가 이루어질 수 있는 시스템이라고 볼 수 있다.

일반적으로 이야기하는 가상현실은 유비쿼터스가 아니고 현실화되고 현실에서 가상적인 것을 매개로 하여 통제를 용이하게 하는 것에 그 목적이 있다. 한마디로 말하면 거대한 컴퓨터 네트워크 환경속에서 현실의 공간을 통제하면서 사는 것이 결국 유비쿼터스 환경에서 사는 것이라고 할 수 있다. 오늘날 한 집에 한대 이상의 컴퓨터인 홈서버를 통해 정보가전, 인텔리전트 주택화 되면서 삶의 질이 높아지고 있다. 이러한 가상환경의 매개를 통해 실제 생활에 도움을 주고자 하는 것, 그러면서 신체와 일상에 직접적인 관계를 가져오는 것이 바로 유비쿼터스의 실체이다. 그러나 여러 가지 억압적 환경이나 개선시킬 환경을 위해 혹은 탈주를 위해 투쟁하는 공간으로 가상공간을 사용하는 것과는 관련이 없다. 어디까지나 유비쿼터스 공간은 일상에 해당되는 부분들을 편리하게 하면서 절약하고 통제가 용이하게 만드는 구조를 가상공간과 매개하여 실현시키고자 하는 기술적 흐름이기 때문이다. 유비쿼터스 환경은 생활을 편리하게 만드는 측면 이외에 일상생활의 통제와 억압이 구체화되는 부정적인 측면도 존재한다. 따라서 유비쿼터스 환경과 지각의 현상학적인 측면이 매개되는 것은 끊임없는 피드백속에서 감각이 확장될 수 있는 공간이 재편되어야 한다. 이에 대해서는 6권 통제(관리)와 관련된 사유를 다룰 때 좀 더 자세히 언급할 것이다.

상호소통속에서 세계 및 타자와의 관계를 재정립하고 더 중시할 수 있는 현상학적 관계의 세계의 중요성이 좀 더 증대되고 있다. 인터액티브한 유비쿼터스 혹은 디지털 미디어 환경의 특징은 기술을 통해 연결된 환경속에서 기술이라는 매체를 통해 연결된 주체들의 감각이 교류하면서 상호작용을 활발하고 긴밀하게 하면서 맺어진다는 특성을 지닌다. 이것은 시공간을 초월하고 자신의 관심사와 비슷한 무리를 전세계에서 실시간으로 만들어 나갈 수 있는 장이 열리게 된 것이다.

인간은 필연적으로 자연속의 공간 등과 같은 객체와 관계를 맺고 살아갈 수 밖에 없는 존재이다. 세상에 본인의 의지와는 무관하게 던져지고 난 이후 우리는 어떤 방식으로든 이 세상과 소통하거나 관계 맺으면서 살아가게 마련이다. 그 과정 속에서 우리는 우리의 신체를 중심으로 느끼고 경험하고 인지하고 종합하게 된다. 이성으로 대상을 객관화하고 연구하는 자세를 견지하는 데카르트적인 대상화의 사고로는 설명하기 힘든 영역이기도 하다.

인간의 기술은 인간의 신체적 결함이나 한계를 확장시키는 역할을 해왔다. 여러 가지 기계들은 인간의 신체적 한계를 넘어 욕망을 구체화할 수 있는 단계로 발전해왔다. 디지털 매체는 커뮤니케이션과 정보의 원활한 소통뿐만이 아니라 감각 역시 증폭시키는 것을 가능하게 했다. 햅틱haptic이라는 키워드로 대변되는 현재의 디지털 미디어 혹은 공간과 관련된 기기, 일상생활에서 대부분의 사람들이 이용하는 디지털 기기들이 그러하다.

인간은 신체를 통해 과정적으로 경험하고 판단하게 된다. 그 실천적 지식이야말로 최선의 것이라고 퐁티는 생각했다. 오늘날 건축 역시 신체를 중심으로 확장되는 기술적 요소들이 현실을 통제하고 지배하거나 영향력을 행사할 수 있음에 주목하여 계속적인 건축적 담론들이 이루어져야 할 것이다.

2019 몸과 결부된 건축 및 표현양상과 건축적 실험

AA 스쿨에서는 신체와 결부된 기계적 디자인을 하는 커리큘럼이 지속되어왔다. 이것은 자본의 순환체계와 기계적 증식과 인간의 부품적인 모습을 나타내고 건축적으로 반영하여 것이기도 하지만 한편으로 현상학적으로 생각하면 주체와 신체(몸)과 세계와의 소통방식으로 생각할 수도 있다. 그것은 신체감각의 확장과 통제의 메커니즘이다.

기술과 관련된 사항은 필수적으로 신체와 관련되어 발전되는 논의가 항상 동시에 진행될 수밖에 없다. 기술 자체가 인간으로부터 시작되어 인간을 통해 사유되고 사용되기 때문일 것이다. 또한 어떤 의미에서 신체는 최초부터 인공 보철물에 연결되어 있으면서 어떤 종류의 기술적 개입을 필요로 하고

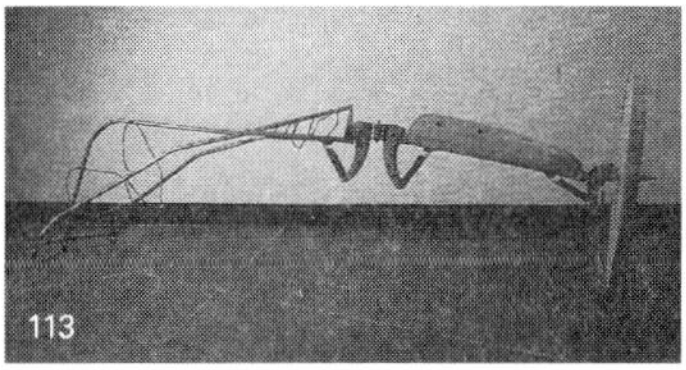

있기 때문이다. 우리는 우리의 부족한 감각적 능력을 기계적 수단을 이용하여 확장해오는 기술적 역사를 경험해왔다. 독수리와 같이 날 수 없음에 비행기를, 말보다 빠르지 못하고 오랫동안 달릴 수 없어서 자동차를 발명했다. 또한 멀리 정보나 소식을 전파할 수 없음에 각종 통신수단을 개발하는 것 등도 이에 해당된다. 기술은 우리의 신체의 부족함을 채워 보완해주고 아울러 우리의 욕망을 신속하게 채워줄 수 있도록 마치 신체의 일부분과 같이 우리의 신체와 결합할 수 있도록 계획된다. 따라서 인간의 신체는 창조와 욕망의 산물을 사용함에 따라서 신체는 변용되게 마련이다. 특히 미디어는 더더욱 그러한 신체적 한계를 극복하여 새로운 감각적, 정보적 수단을 매개하면서 새로운 무언가를 만들어내는 가능성을 높여 주었다는 점에서 환영할만 하다. 그러나 또한 반대로 세련된 통제의 용이성이라는 장점/부작용도 공존하고 있다. 이렇게 신체와 세계와의 작용과 함께 신체와의 보철적인 내용은 역시 메를로 퐁티의 지각의 현상학에서 나오는 신체와 세계와의 변화작용을 의미한다.

인공보철술은 수술없이도 인간의 신체를 기계와 같이 다른 무언가의 복합체로 변화할 수 있음을 의미한다. 이에 대해서는 7권에서 들뢰즈의 기계적 개념을 언급할 때 자세히 다룰 것이다.
현대에서 인공보철술의 의미는 외적 보조에 의해 증대된 신체라는 아이덴티티를 암시하고 있다. 건축과 관련된 인공보철적 내용들은 인간의 부족한 특성이 기계적 보철 등의 부가물을 통해 인간의 욕망이 적절하게 실현되도

112, 113. 신체와 관련된 AA school의 디자인 실험

록 기능하는데 있다. 이를 통해 인간은 새로운 감각과 욕망을 실현시키는 도구를 통해 새로운 세계와의 관계를 맺고 새로운 공감각을 느낄 수 있게 되고 새로운 정보를 받아들일 수 있다.

60, 70년대 말 건축과 관련하여 아방가르드들은 이동과 주거와 신체가 일체화된 개념의 이동식 주거의 내용들을 실험했다. 지각의 현상학과 관련하여 신체와 세계, 그리고 인공보철적인 부분이 직접적으로 외부세계와 관련을 맺으면서 만들어내는 외부세계 속의 피난처를 구성하는 수법은 새로운 세계와의 관계 속에서 새로운 감각의 삶을 제시하는 것이었다. 이른바 신체와 주거가 하나로 일체화되면서 기존의 주거에 대한 감각을 변용하고 새로운 감각의 수준으로 주거의 개념을 다시 생각하게 만드는 것이다.

특히, 론 헤론Ron Herron의 걸어다니는 도시Walking City개념이나 유목민적인 삶을 주제로 하는 '자동차 유목민'의 개념과 주거의 개념은 모두가 당시에는 과격했던 개념이지만 기존의 주거의 관념과 감각을 획기적으로 변화시킬 수 있었던 건축적 이벤트였다. 이러한 건축의 역사는 1960년대 히피 및 낭만적 SF적 문화의 산물인 아키그램 및 팝건축계열의 건축작품에서 기원을 찾아볼 수 있다. 마이클 웹은 이동식 유목 건축을 통해 NASA의 우주복과 생존캡슐에 영향을 받아 건축 및 의복, 자동차 등의 개념이 하나로 통합되어 새로운 삶의 양태와 감각을 받아들일 수 있는 요소를 제안한 것이었다.

1968년 밀라노 트리엔날레에서 제안된 데이비드 그린의 의복은 이동식의 안락한 휴식처가 된 계획안 역시 유목적 삶의 양태와 신체, 외피 등이 결합하여 신체와 새로운 삶의 양식 및 감각이 하나가 되는 것을 제안한 것이었다. 쿱 힘멜브라우의 이동식 사무실 역시 주어진 건축물이 아니라 직접 사무환경이 부유하듯 움직이면서 세계와 직접 맞닥뜨리고 끊임없이 변화하는 공간감을 느끼기 위한 제안을 했다.

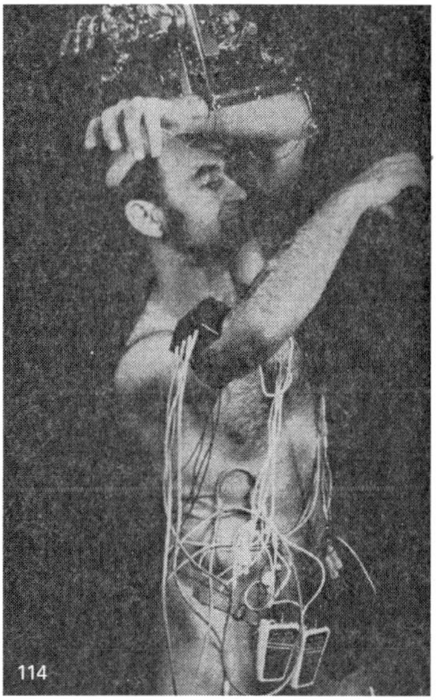

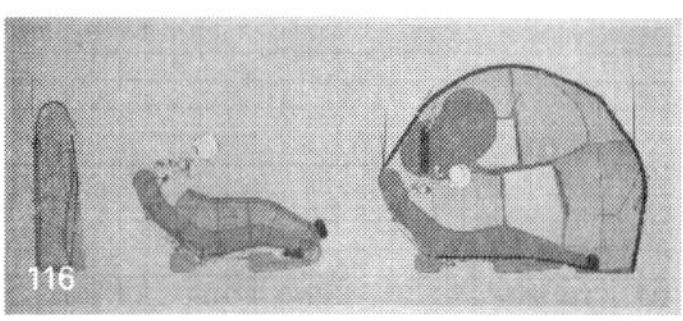

114. 신체와 연결된 가상세계
115. 신체와 관련된 기계수업, AA 스쿨
116, 117. 신체와 관련된 디자인 실험
118. 아키그램의 이동식 주거
119. 히피문화와 팝아트의 결합, 아키그램 작업

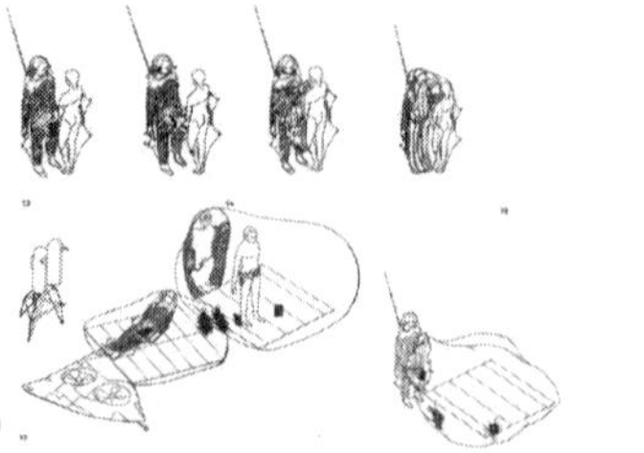

120

이 정도의 공간이 실험되었다면, 앞서 우리가 살펴보았던 지역주의적인 개념과 자연과 내가 하나가 되어 지역 컨텍스트와 합치되는 개념과는 매우 상치되는 가운데 어떤 것도 고정된 실체가 있지 않음을 지각하게 된다. 끊임없이 변화하는 세상 속에서 새로운 거주공간과 생활양식을 지각하고 그에 따라 행동하면서 새롭게 변화하는 거주공간을 스스로 만들어 나가야 하는 현대성의 주거상황에 대한 화두를 제시하고 있는 것이다.

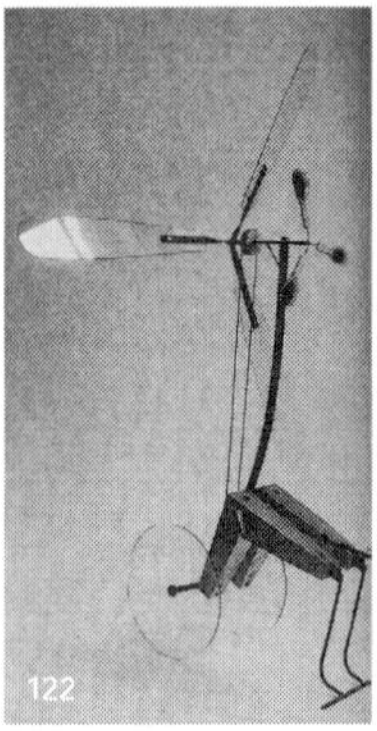

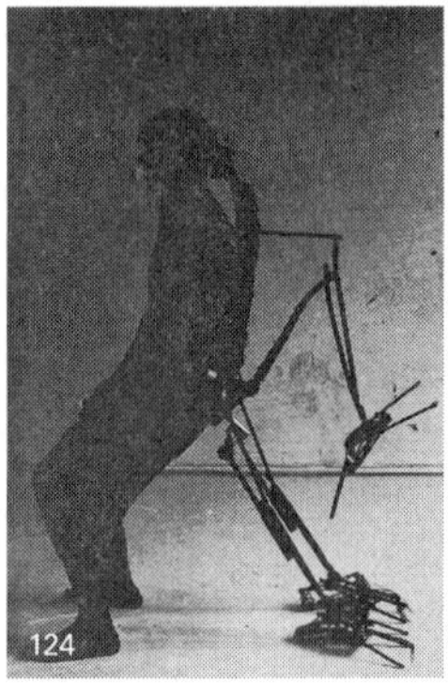

이후, AA스쿨에서는 지각과 건축 기계적 요소가 건축적 가능성과 연결될 수 있는 방법론에 대해서 실험을 계속해왔다. 이것은 사이버공간뿐만 아니라 현대사회에서 몸이라는 키워드가 관심이 증대됨에 따라서 지각의 현상학이 주목받게 되었고 이러한 사유를 건축적으로 가능성을 탐구하기 위한 과정이다.

120, 121. 신체와 연결된 이동식 주거의 아이디어
122, 123, 124. 신체와 관련된 AA 스쿨의 디자인 실험

이동성과 실제 신체로 느끼게 되는 거주개념의 변화는 오늘날 현대생활의 거주에 대한 우리의 지각과 개념을 송두리째 바꾸어놓을 폭발력을 지니고 있다.

이와 관련하여 데이비드 하비는 오늘날 신체의 중요성을 이야기하면서 다음과 같이 언급하고 있다.

신체란 무엇인가? 지난 20여년 동안 모든 종류의 이론적 탐구를 위한 기초로서 '신체'는 갑자기 주목을 끌기 시작했다. 첫 번째, 제 2차 페미니즘으로 알려진 것을 통해 제기된 문제들은 자연-양육 문제에 긴밀한 주의를 기울이지 않고는 대답될 수 없었고 신체의 상태와 이해가 이론적 논의의 핵심이 된 것은 불가피했다. 젠더, 성, 상징적 질서의 힘, 그리고 정신분석의 유의성에 관한 문제들은 또한 신체를 토론과 논의의 주체와 객체의 양자로서 재정립시켰다. 그리고 이 모든 것이 전통적인 개념적 장치(마르크스에 내제된 것과 같은) 진보적이고 해방적 정치의 근본이 되었다.

이렇듯 유비쿼터스의 문제는 산업전반의 생산과 소비의 순환구조와 밀접한 관련을 맺고 있기 때문에 매우 보수적인 통제의 시스템이 될 가능성이 높다. 이런 가운데의 신체는 편리함속의 통제적 환경에 노출될 수밖에 없다. 한편

125

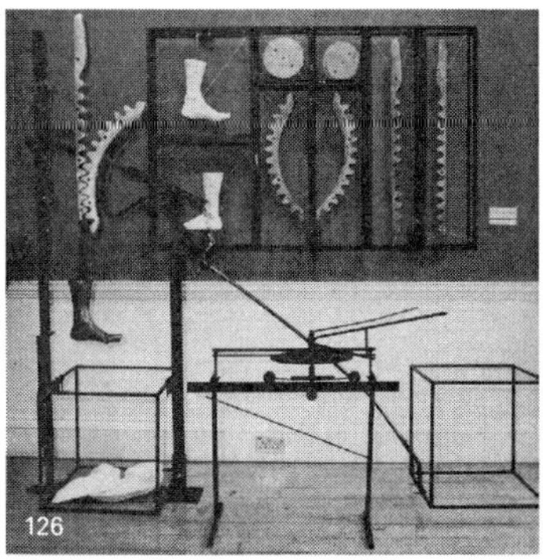
126

125, 126. 인공보철물과 감각과 기계의 연계

으로는 통제에 길들여지는 단점도 생길 수 있고 우리의 감각마저도 전체화 통일화될 수 있는 약점에 둘러싸일 수 있다. 항상 어떤 개념에는 정반대의 상보적 개념이 존재하게 마련이다. 오늘날 신체는 컴퓨터 환경과 관련하여 논의되고 있는데 이것은 한편 통제와 관련되기도 하고 한편으로는 신체적 한계를 초월하여 해방되고자 하는 정반대의 개념으로도 사용된다. 컴퓨터 환경 자체가 하나의 중성적 매체(미디어)이기 때문에 벌어지는 현상이기도 하기 때문이다. 통제하고자 하는 세력과 해방되거나 탈주하고자 하는 세력이 이용하면서 상대적으로 사용될 수 있으며 이러한 과정은 서로를 상호 이행할 수 있다. 7권에서 좀 더 자세하게 이야기하게 될 들뢰즈적 내용으로 이해할 수 있다.

이처럼 현상학적 개념과 관련된 건축적 흐름에는 현상학적 환원과 종합을 통해 주위의 모든 것을 경험하고 판단하고자 하는 태도가 있으며 이러한 자세는 풍토건축과 지역주의 건축의 자세와 일맥상통한다. 지역을 기반으로 하는 옛 기억과 조상의 지혜가 녹아들어 컨텍스트와 자연스럽게 어울리는 주거, 장소의 개념에 충실한 주거, 그 공간을 사용하는 주체들의 특성을 고려한 계획을 통해 단순 존재자로서의 주거가 아니라 존재가 될 수 있는 주거를 만들고자 했던 사유와 구축행위들은 모두가 이성의 시기의 기계적 건축의 반동으로 나온 결과였다. 이성적 태도의 합리적 건축계획 방법론보다는 그것 이상의 무언가를 포함시킬 수 있는 시학적 건축계획방식이 더욱 가치가 있음을 확인했다.

세계-내-존재가 되어야 하는 운명인 우리는 내가 관계맺고 있는 지역에 오랫동안 더불어 있을 수 있는 계획을 추구해야 하며 우리의 실존은 신체라는 매개체를 통해 기억과 경험, 움직임 속에서 공감각을 더욱 긴밀하게 만들어 주는 건축적 자세를 견지할 때 이 세계가 인간에게 더욱 따뜻하고 의미있는 세계로 다가오게 될 것이다.

시사점과
PART 3
건축적용 가능성

생각해보아야 할 점

- 풍토적 기억과 어두움, 등의 건축적 표현과 진보적 계열의 건축과 어떻게 공존할 수 있을까?
- 현대의 현상학적 공간구조와 표현은 어떻게 해야 할까?
- 지역주의와 관련하여 현대적 장소성을 어떻게 생각해야 할까?
- 현상학적 사고관의 주관성을 나름의 객관성을 지닌 것으로 만들 수 있는 방법론은?
- 사이버상의 유토피아와 기존관념의 유토피아 사이의 긴장관계에서 이루어질 수 있는 것은 무엇이 될 것인가?
- 사이버상의 유토피아와 현실은 어떠한 생산관계를 가질 수 있을 것인가?
- 디지털 시대의 감각과 건축적 적용은 어떻게 해야 할 것인가?

이성 중심의 사고에 대한 폐해는 제국주의적 요소들과 양차 세계대전을 통해 근본적인 반성을 가져오게 되었다. 그에 따라 현상학적 사유 등이 대안으로 나오게 되었다. 이러한 사유는 인류 전 분야에 걸쳐서 진행되었다.

일반적으로 이성 중심적인 서양인들의 공간에 대한 태도는 동양인들보다 공간에 제한을 두고 그것을 분절시키려는 특성을 가지고 있다. 분류하고 분석하는 것이 이성에 적합한 방식임은 자명하다. 고대 그리스에서는 땅을 재단하는 기하학이 수학적 행위의 기원으로 본다. 이러한 이성적 방식은 편집증적인 경향이 짙고 무언가를 하나의 영역에 모아놓고 그 안에서 분석하고 분류하고 하는 작업은 결국 폐쇄적인 작업이 될 가능성이 크다. 그런 특성이 현대에서도 닫힌 폐쇄 공간을 많이 만들게 되었다. 물리적으로 닫힌 폐쇄공간뿐만 아니라 사적 영역과 공적 영역의 확실한 분리 등이 그렇다. 이런 특성들은 자연스럽게 근대 이후의 주거평면의 세분화와 현대건축분야에서 이성을 중시하는 국제주의 양식의 교리적 건축양식으로부터 나타나게 되었다. 그러나 폐해가 발생한 이후 이러한 건축의 장점 외에 많은 단점들을 극복할 수 있는 방안들이 연구되기 시작했다. 오늘날의 건축에서 이렇게 닫힌 공간을 개방해서 다양한 요소들과 관계맺고자 하는 방법론은 그래서 이성의 폐해를 극복하고자 하는 매우 중요한 의미를 지니고 있다.

2020 현상학적 공간구소의 동시대적 표현방안

건축을 시작함에 있어서 무엇이 가장 기본적인 사고가 되어야 할까? 그것이 바로 건축가가 땅과 건축을 대하는 자세가 될 것이다. 개념이 먼저가 될 수도 있고 건축주가 요구하는 건물의 기능이 주가 될 수도 있다. 물론 장소도 중요하다. 그러나 현상학적인 접근방식에서 가장 중요한 것은 특정 땅에 건물을 어떻게 배치하는가의 문제이다. 우리의 감각은 지금까지 청각, 시각, 촉각, 미각, 후각, 이 오감의 카테고리로 분류되어 왔다. 이러한 소위 다섯 가지 감각을 통합하여 사고하고 이것을 건축에 적용하여 많은 것을 수용할 수 있게 하는 방법론은 무엇이 있을까? 기존의 모더니즘적인 구조주의적 사고의 영향 하에서 벗어나 느끼고 표현되어 생산양식을 벗어나 구축된 건물을 우리는 구축할 수 있을 것인가? 이런 화두에 적절하게 반응하기 위해 오늘날 우리는 현상학적인 사유방식과 흐름에 대해 명확한 인식을 세울 필요가 있다. 아마도 앞서 살펴보았던 비판적 지역주의의 자세에서 감각을 현대적으로 수용하는 새로운 방법론이 필요할 것이다.

인간은 정주함으로 존재하며 시적인 자만이 정주할 수 있다고 하이데거는 말했다.

코야마香山 壽夫 는 장소의 기억에 대한 중요성을 강조하면서 다음과 같이 언급했다. "장소는 문화의 적층, 즉 전통으로만 인식되는 것이다. 오히려 장소는 계속해서 쌓여가는 시간 속에서 여러 가지 사건이 행해지던 곳이고, 한 인간집단이 하나로 통합되는 기반이다. 장소는 공동체의 기반이자 지주이다." 현상학적인 측면에서 주위와 커뮤니티와의 관계의 중시사상이 건축에 녹아들어 갈 수 있고 오랜시간 지속가능한 컨텍스트가 될 수 있는 방법론을 중시한 사유라고 말할 수 있을 것이다.

후설은 이성중심의 서양사고체계가 구조화된 세계속에서 우리 자신이 지식에 근거하여 도달하고 조작할 수 있다는 믿음을 가지고 있다고 전제했다. 이것은 관념적인 것을 우위에 둔 사고이다. 우리가 구체적으로 자각하고 느끼고 실제적으로 경험하는 존재가 아닌 순수한 관념적인 사고를 더 우위에 둔 것이었다. 후설은 경험적인 생활세계에서 오도된 합리성으로 인해 생겨나는 폐해에 대해서 심각하게 반성을 한 것이었다.[28] 현상학의 발전을 이끌고 있는 것은 근대 문화 자체의 반성을 통한 발전이다. 늘 변화하며 한정되어 있는 세계에서 질서를 창조하는 것은 인간의 사고와 행위가 갖는 궁극적인 목적이다. 이 과정에서 단순한 합리성의 관념적 사유만이 아니라 구체적 행위의 경험을 통한 판단만이 진실한 것이다. 하이데거식의 방법론은 시적인 건축을 짓는 것이다. 그것은 필연적으로 개인적인 과제이자 개인적인 표현과 전체성 모두를 포괄하는 것이다.

현상학적 관점의 건축은 과거에서부터 이미 존재하며 미래에 존속할 수 있는 건축을 재해석하는 것이다. 다시 말해 이러한 건축은 그 자신에게 향하는 건축 혹은 도시architecture or city unto Itself로 말 할 수 있을 것이다. 이것은 건축가가 오만한 엘리트적인 시각에서 신의 입장이 된 시각에서 건축을 하는 것이 아니라, 인간적인 입장에서 인간이라는 주체를 향하는 객체를 만드는 것처

28) 마이클 헤이즈, 1968년 이후의 건축이론, spacetime, p618 부분 인용

럼, 인간으로부터 출발하여 만들어지는 건축공간을 도시공간구조를 만들어 나간다면 더욱 이상적인 공간구조를 만들 수 있다는 측면으로 이해해야 할 것이다. 모더니즘의 건축도시공간은 1권에서 살펴본 바와 같이 어떻게 보면 인형극을 하는 무대와 같은 공간이라고 이야기할 수 있을 것이다. 건축가에 의해, 자본가에 의해, 혹은 시행자에 의해 사전에 미리 예측된 행동과 사고를 강요당하는 공간, 기능적 공간이 되기 쉽다. 이것은 이성적이고 계몽적 체계의 사고가 공간에도 권력화되어 투사된 모더니즘의 어두운 면이라고 볼 수 있다. 그러한 것을 벗어날 수 있는 방법론을 하이데거는 시적 표현 및 현상학적 방법론으로 이야기했다. 비록 현상학적 방법론이 현실에서 얼마나 많은 영향력을 미칠 수 있을지는 여전히 의문의 여지가 남지만, 적어도 건축가와 건축주가 이러한 공간들을 꿈꾸고 이런 공간들이 더욱 많아진다면 이러한 것들이 단순히 꿈만은 아닐 것이다. 물론, 자본사회에서 이러한 건축이 살아남을 수 있는 여지는 상당부분 좁혀져 있는 것이 현실이다.

2021 지역과 관련된 사고의 적용방안

엘리자베스 딜러는 장소에 이름을 붙이는 것이 얼마나 중요한 가에 대해서 말했다. 이 말은 장소에 이름을 붙인다는 것, 그것은 결국 지나치는 장소가 아니라, 내가 애정을 갖고 역사와 기억과 관심을 가질 수 있는가 없는가의 차이라고 할 수 있다. 이름을 붙일 수 있는 공간들이 많아지면 많아질수록, 획일적인 공간이 아닌, 이름을 붙일 수 있는 특이함과 소중한 기억이 있는 공간들이 많아질 수록 우리들이 살고 있는 공간들은 더욱 풍요한 공간이 될 수 있는 가능성이 높아지게 된다.

현대의 공간들은 점점 익명성과 장소의 동일성 내지는 카피된 느낌의 공간들이 무한정으로 증식됨으로써 특정한 이름을 붙이기 힘든 장소들, 무의미한 공간 내지는 어딜 가도 똑같은 공간들이 양산되어 어디를 가더라도 쉽게 볼 수 있는 아파트 숲을 이루는 공간에서 이곳이 경주인지, 부여인지 아니면서울인지 사실, 분간이 가지 않는 경우가 많다. 이름을 붙일 수 있는 것, 아이덴티티를 구별할 수 있는 것, 그것에 충실하다는 것, 단순히 그것이 상업적인 것이 아니라, 그 장소 고유의 정체성이 충분히 드러나는 그 자체를 살릴 수 있는 건축구조와 건축공간, 건축표현이 적절하게 녹아있는 공간들이 많아져야 할 것이다.
고유한 지역의 특성을 만드는데 있어서 현대건축의 무장소적인 특성, 즉 증식된 듯한 동일성의 공간은 문제가 된다. 진정한 의미의 장소성을 만드는데 저항하면서 동시에 그러한 공간들이 어쩔 수 없는 것임을 받아들이게 하고 기정사실화하는 힘(경제적인 이유가 가장 크다)이 건축에는 존재한다. 그러면서 더욱 그러한 상황들이 가속화되고 악화되는 현실, 이것이 현대건축공간이 가지고 있는 모순점이자 단점이라고 할 수 있다.
어떤 장소도 아니면서 어디든 같은 장소가 되어버리는 현실, 이것이 바로 두 가지 모순된 속성을 지닌 현대건축공간의 특징이 되고 있다.

장소가 되는 곳에 적절한 건축을 배치하려는 노력, 장소를 더욱 장소답게 만드는 노력, 이것이 건축가에게 현상학적인 관점에서 중요한 덕목이다. 이러한 것을 가능하게 하는 방법론에 대해 논의할 때 그곳에 건축의 이념이나 개념은 상대적으로 중요성이 떨어지게 될 것이다. 이러한 과정을 가능하게 하는 외적 힘이 작용하는 부분이 약화될 가능성이 크기 때문이다.

2022 메를로 퐁티의 몸 철학의 적용방안

신체에 대해서 생각하는 것이 어려운 것은 그것이 항상 우리 주위에 있기 때문이며, 항상 사물과 사물 사이의 관계성 속에 있기 때문이다. 몸 철학과 관련된 건축적 흐름은 포스트모던 시대 이후로 자신 이외의 복수의 신체사이의 상호작용으로 인해 건축공간에 직, 간접적으로 영향을 미치는 상황에 대한 관심이 증대하고 있음을 보여주며, 이러한 화두가 중심이 되는 건축적 경향이 발전되어 나가는 것을 중시하는 것이다. 우선, 의식적인 것을 중시하는 건축에서 신체의 움직임을 중시하는 건축의 흐름은 건축적 경험을 기본으로 하여 새로움을 만들어낼 수 있다고 믿는 건축가 군의 예를 들 수 있다. 연속적 테마는 신체의 움직임, 왕래하는 관객들의 움직임이다. 신체의 움직임이야말로 건축의 본질적인 구성요소이다.

1권에서 살펴보았던 이성의 시대에 신체와 관련된 사유는 레오나르도 다빈치의 신인동형론의 사유이다. 모든 것이 이성적으로 판단가능하고 좌우대칭의 아름다움이 표현된 이미지이다. 이성의 시기에는 이러한 이미지에 강력하게 사로잡혀 있었다고 말할 수 있다. 그러나 현대에는 어떤 것도 고정되고 동일한 것이 존재할 수 없다는 사실로부터 신체 역시 다른 것으로 끊임없이 변할 수 있고 변해나간다는 가정으로부터 변화의 요소가 덧붙여진다. 앞서 설명했던 인간의 몸이라는 삼투성 막을 통해 세계의 외적 변수에 반응하여 행동하게 되고 그에 따라 세계의 요소들을 수용하고 변용하게 되기 때문이다.
건축공간은 우리를 둘러싼 세계와의 관계를 형식화시키는 장소이다. 그 속의 공간과 시간을 점유하는 것만이 아니라 공간성과 시간성 자체를 구성하기도 한다. 신체는 그러는 가운데 새로운 차원을 갖게 된다. 움직임을 통해서 건축물과의 교감을 통해서 새로운 의미를 만들어가는 관계가 되는 것이다. 이런 시대적 감수성에 맞고 신체에 대한 사유에 적합한 공간과 표현은 계속되는 질문이 되어야 하며 현재진행형의 작업주제가 되어야 할 것이다.

2023 사이버 시대의 신체와 관련된 건축적 적용가능성

문화는 상위 문화에서 하위 문화로 자연스럽게 흘러들어가면서 전파되고 상위 문화권의 영향력 하에 속하기 마련이다. 오늘날과 같은 후기식민주의 시대에는 가상공간마저도 식민화시켜야 할 대상들을 찾는 상위 문화권의 권력주체들이 식민지 공간을 점유하려는 욕망을 드러내며 다양하고 첨예한 투쟁을 벌이고 있다. 가상공간이 일반화되면서 사용자들의 정신과 신체를 어떻게 하면 통제하고 속박하려는 의도와 세력은 항상 존재해 왔다. 그러한 사항들이 눈에 직접적으로 보이지 않은 경우가 많은데 그것은 보다 유연한 방법론으로 세련되게 진화하고 있기 때문이다. 이에 대해서는 6권에서 더 다루도록 할 것이다.

사이버 시대에 특정지역을 방문하려할 때 사람들은 현 장소에 오기 전에 벌써 충분한 정보를 갖고 있다. 체험보다도 정보의 방법이 선행되는 것이다. 그들은 미리 확보한 장소의 정보를 지니고 현지에 와서 그 지식의 참, 거짓 및 적용여부를 확인한다. 현대인들은 파워블로거의 입소문을 통해 상세한 정보를 먼저 인지한 후 확인절차만 거치고 있는 것이다. 이런 측면에서 이제는 날 것의 장소, 날 것의 여행이라는 것은 현실적으로 이미 존재하지 않는다. 결국, 건축공간 역시 일정부분 신체의 인식상에서 잡지를 읽는다든지, 스마트폰으로 음악을 듣는 것과 같은 방법으로 받아들여지게 되는 것이다. 건축가로서 잊어서는 안 될 것은 자연에 대한 새로운 수용형태를 낳는 장을 창출하는 장치로써 건축공간을 디자인하지 않으면 안 된다는 것이다. 오늘날 기존의 전통적 개념의 감각이 변하고 있으며 실제의 감각을 받아들이는데 있어서도 가상의 정보에 의한 감각을 먼저 경험하고 그 이후에 확인하는 듯한 현상이 더욱 주도적으로 변했다는 점이 중요하다. 그런 상황에서 변형되거나 다른 차원의 감각이 적용되어 현실을 받아들이고 행동하면서 새로운 가능성을 만들어나가는 것은 새로운 현상학적, 몸 철학적 양상이다. 이는 이후 들뢰즈의 생성과 사건의 사유와도 밀접한 관련이 있는데, 이는 나중에 이야기하도록 할 것이다.

이제 현상학과 관련된 건축적 흐름을 정리하도록 하자. 이성의 폐해를 극복하고자 하는 주체와 객체를 묶어서 지향성을 생각하는 사고를 통해 이성의 폐해를 극복하거나 실존을 중시하는 흐름이 있었다. 건축에서는 국제주의 양식의 오만한 신화적 입장과 통일성의 삽입과 시스템 혹은 기계와 같은 건축, 주거에서 사고하려는 움직임이 있었고 그것의 부작용을 극복하고자 했던 현상학적 사유와 결합하여 새로운 움직임으로 나타났다. 지역성을 가미하여 인간 본연의 존엄성과 인간이 거주하는 공간과 장소성을 결합한 컨텍스트를 중요시하는 흐름을 볼 수 있다. 이러한 경향은 80년대 이후 비판적 지역주의와 함께 새로운 양상으로 나타나기도 한다. 또한 신체의 이동과 감각의 체험을 통해서 기억과 자신의 삶을 결합하여 주거라는 공간과 결합시키는 것, 지역에 맞는 것으로 녹여내는 흐름이 있었다.

지각의 현상학으로 대표되는 신체의 인식과 공간에 투영되는 다양한 방식의 공간은 최근의 사이버공간과 관련기술로 인해 더욱 다양하게 지각을 투영시킬 수 있는 건축적 가능성의 지평을 넓히고 있다.

오늘날의 다양한 외적 변수와 기술의 진보에 있어서도 지역성과 지역적 컨텍스트를 고려하고 인간적인 공간과 진정한 의미의 거주공간을 만들려고 하는 노력은 기술의 진보라는 과제와 함께 인류와 의식있는 건축가가 진지하게 이성의 폐해를 계속해서 극복할 수 있는 지리적 구조 공간을 만들어 나가기 위해 항상 고민해야 할 주제이다.

찾아보기

AA스쿨 148-152

ㄱ

가상현실 33, 44, 144-146
가스통 바슐라르 83, 86
거주 28, 49-56, 60, 84, 86
경계면 37, 45
경관 49, 51, 88, 90, 101
고든 파스크 43
공간의 시학 48, 83
공동체 51, 52, 66, 70-71, 120, 158
관계형성 66, 71
괄호치기 6, 24, 38, 50, 51, 60, 71, 74, 75, 86, 121, 139, 146
구축 49
국제주의 양식 55, 58, 72, 82, 87, 88, 91, 94, 96, 98, 100, 157, 163
국제주의 5원칙 96
글라스 하우스 56
기술Techne 50
김중업 129
김춘수 24
꽃 24

ㄴ

낯설게 하기 87, 101-103
내부화된 도시 60
노버그 슐츠 51, 84
뉴로맨서 44
뉴욕 브롱스 체육관 교량 계획 119-121

ㄷ

다자인Dasein 26, 52, 119
덩어리 42
데이비드 그린 150
데이비드 하비 153
데카르트 6, 12, 25, 27, 33, 36, 50, 51, 148
도미니카 수도원 계획 64-65, 68
동일성 159, 160
두께 42

ㄹ

라파엘 모네오 130, 133
론 헤론 150
루이스 칸 58, 66, 70-71, 78, 138
루이지 노노 136

ㅁ

마도히즘 16
마르크시즘 30
마티스 80
메를로 퐁티 8, 17, 33, 34-45, 149, 160
명료성 137, 140
몸 철학 10, 38, 44, 48, 49, 110
무전제의 원리 19, 111
물신주의 29
미스 반 데어 로에 55, 94
밀라노 트리엔날레 150

ㅂ

바르셀로나 파빌리온 56
방(루이스 칸) 58, 71
버츄얼 리얼리티 145
베니스영화의 궁전 116
베를린 도서관 124
복합체 61, 66, 71, 149
봉사하는 공간servant space 74-75
부르탈리즘 75, 78-80, 141
불가지론자 12, 18
불안 29
불확실성 96, 133

비물질화 78, 96
비어있는 돌 74
비판적 지역주의 49, 100-103, 137, 157, 163
빈 공간 23, 74
빌라 미아레아 96

ㅅ

사디즘 16
사르트르 7, 30-31, 42
사이버공간 42-45, 49, 143-146, 152, 163
사이버네틱스 43-44
사이버 시대 33, 162
살의 존재론 38
삼투작용 39, 44
상호작용 39-41, 44, 86, 89, 104, 107, 112, 139, 146-147, 160
생성poesis 52
생 토페즈 주말주택 112, 115
세계-내-존재 7, 26, 28, 39, 41, 49, 52, 75, 84, 91, 119, 154
수용미학 48, 104, 106-107
쉘터 89, 136, 138
스티븐 홀 110-113, 117, 121, 123-128
시간 속의 종합 111
시적 언어 29-30, 51, 52, 111, 129
시차 112
실존적 현상학 30
실증주의 12, 18, 35

ㅇ

아도르노 14, 16
아프리오리a priori 37
알레고리 107, 108
알바 알토 89, 92, 94, 96, 98, 129
알바로 시자 104, 129, 131, 133-136
앙리 베르그송 119
액상건축 144
야수파 78
양차 세계대전 12, 14, 16, 32, 156
어린왕자 27
에드문트 후설 6, 17-50, 158
에리히 프롬 16
엘리자베스 딜러 159
예일대학교 건축학부 계획 78
워킹 시티walking City 150
윌리암 깁슨 44
유비쿼터스 143, 146-147, 153
음예공간 82
응축 111, 123
의식 속의 종합 23
이성의 도구화 12, 29, 30
이야기성(시나리오) 104
인공보철술 149
입체파 23, 24

ㅈ

자유로부터의 도피 16
자치적인 장인들의 주거 123
전통식 가옥 83
접촉면 37, 44, 45
정박 111, 123
존재자 26-28, 41, 49-51, 60, 66, 72, 74, 75, 91, 119, 121, 123, 132-133, 138, 140, 154
주거의 다리 119
지각의 문제 33, 43, 110, 111
지각의 현상학 30, 35, 43, 45, 48, 111, 143

지성주의 33
지역성 56, 90, 94, 98, 103, 123, 130, 163
지역주의 건축 7, 83, 86-91, 94, 96, 100, 102, 104, 154
지향성 22-25, 28, 50, 60, 66, 71, 74-75, 121, 140, 146, 163,
직관 110-112, 127, 138,
짜임 112

ㅊ

찰스 무어 84-85, 86
찰스 젱크스 143
촉감 140

ㅋ

카치아리 49, 52, 55
컨텍스튜얼리즘 48
컨텍스트 84, 86-90, 101, 102, 107, 111, 120, 121, 132, 133, 138, 140, 141, 152, 154, 158, 163,
케네스 프램턴 100
켜layer 86, 144
코야마 66, 70, 84, 158
크로스오버 108

ㅌ

타니자끼 준이찌로 82
트랜스 건축 144

ㅍ

팔메이라 수영장 134
폭력성 13-14, 25, 53, 56, 123
폴 루돌프 78
풍토건축 48, 82, 83, 87, 88, 90, 91, 101, 154
퓨전 108
프랑크푸르트 사회과학연구소 16
피난처shelter 51
피카소 23
피터 줌터 92, 103, 104, 136-141
필립 존슨 56

ㅎ

하버마스 100
하이데거 6, 10, 17, 25-30, 34, 39, 41-42, 49, 51, 53-55, 72, 84, 121, 129, 136-138, 157, 158, 159
해체주의 106, 107, 125
호르크하이머 14, 16

그림출처

ALVAR AALTO through the eyes of shigeru ban. edited by Juhani Pallasmaa, Tomoko Sato p.33, 34, 35, 47, 55, 58, 85, 123, 147

Bernard Rudofsky, 건축가 없는 건축
시공문화사, 2006, p.41

EXISTENCE, SPACE AND ARCHITECTURE. C.Norberg-Schulz. p.136, 141

Herman Hertzberger Space and the Architect_Lessons in Architecture 2. 010 Publishers, p.201

Heinz Ronner, Louis I. Kahn complete work 1935-1974, Birkhauser, 1987
p.68, p101, p123, p166, 167

Michael Fox, 인터랙티브 건축공간
남수현 역, 2010A

Steven Holl, Interwining, Princeton Architectural Press, 1998, p.46, 49,163

Vincent Ligtlign, Aldo Van Eyck Works
Birkhauser, 1999

김현철, 김용미, 건축공간박물관
발언, p.32, 55

스티븐 홀, 정박, 태림문화사, 1993
p.25, p38, 40, 45, 68, 69, 70, 136

존 로벨, 루이스 칸 침묵과 빛
미건사, 1992, p.17, p73

히라구치 히데아키, 루이스 칸의 공간구성
강병근역, 화영사, 2001, p.72, 105, 115

참고문헌

1. 국내 단행본

건축, 도시 부문

가스통 바슐라르, 공간의 시학
곽광수 역, 동문선, 2003

강내희, 공간, 육체, 권력
문화과학사, 1995,

경경준, 깨달음과 형태
시공문화사, 1999

길성호, 현대건축 사고론
시공문화사, 1999

길성호, 수용미학과 현대건축
Spacetime, 2002

김억, 박희령, 바디 메타포 Body Metaphor-
유비쿼터스 기술과 환경, 시공문화사, 2008

김원갑, 건축과 시간 속의 운동
시공문화사, 2009

김원갑, 13개 고원 위의 건축과 음악
시공문화사, 2010

김현철, 건축공간 박물관
발언, 1993

노버그 슐츠, 실존 공간 건축
김광현 역, 태림 문화사, 1994

다니자키 준이치로 , 음예공간 예찬
김지견 역, 발언, 1996

데이비드 하비, 모더니티의 수도 파리
김병화 역, 생각의 나무, 2005

데이비드 하비, 포스트모더니티의 조건
구동회, 박영민 역, 한울, 1994

마이클 헤이스, 건축의 욕망-레이트
아방가르드 읽기, 조순익 역
시공문화사, 2011

봉일범, 건축-지어지지 않은 20세기
시공문화사, 2009

버난트 클라센, 서양건축사
심우갑 역, 대우출판사, 1997

브라이언 엘리엇, 건축과 철학 05
발터 벤야민, 이경창 역, 시공문화사, 2012

브루노 제비, 공간으로서의 건축
강혁 역, 집문사, 1989

서정일, 소통의 도시-루이스 칸과
미국현대도시건축, 시공문화사, 2011

손세관, 도시주거 형성의 역사
열화당, 1993

승효상, 오래된 것들은 다 아름답다-
승효상의 건축여행, 컬처그라퍼, 2012

승효상, 지문-땅 위에 새겨진 자연과
삶의 기록들, 열화당, 2009

스티븐 홀, 홀: 스티븐 홀, 빛과 공간과 예술을
융합하다, 이원경 역, 미메시스, 2012

스티븐 홀, 碇泊-ANCHORING
태림문화사, 1997

앙트완 피콩, 건축의 디지털 문화
김원갑 역, 시공문화사, 2012

양동근, 현대건축론
기문당, 1995

에드문트 후설, 현상학적 심리학-1925년
여름학기 강의, 이종훈 역, 한길사, 2013

에드문트 후설 ,형식논리학과 선험논리학-
논리적 이성비판 시론
이종훈, 하병학 역, 나남, 2010

에드문트 후설, 순수현상학과 현상학적
철학의 이념들 1·2, 이종훈 역, 한길사, 2009

윤용집, 이미혜, 곡면의 건축-도시와 문화를
바꾸는, 시공문화사, 2010

윤희철, 현대건축과 음악과의 만남
시공문화사, 2005

이규목, 도시와 상징
일지사, 1988

이냐시 데 솔라 모랄레스,차이들-현대건축의
지형들, 이종건 역, 시공문화사, 2007

이진경, 근대적 시공간의 탄생
문학과학사, 1997

이진경, 근대적 주거공간의 탄생
소명출판, 2000

이종건, 텅 빈 충만
시공문화사, 2004

이토 다이스케 , 알바 알토-거장이 연주하는
핀란드의 풍토, 김인산 역, 르네상스, 2005

정인하, 시적 울림의 세계-김중업 건축론
시공문화사, 2003

존 로벨 , 침묵과 빛-루이스 칸의 언어
김경준 역, 시공문화사, 2005

제레미 틸, 불완전한 건축
이황 역, 시공문화사, 2012

조명래, 포스트포디즘과 현대사회 위기
다락방, 1999

최병두, 근대적 공간의 한계
삼인, 2002

최윤경, 사회와 건축공간
Spacetime, 2003

케이트 네스빗, 건축이론1·2·3
최학종 역, Spacetime, 2005

토마스 마르쿠스, 권력과 건축공간
유우상 외 역, Spacetime, 2006

팀 홀, 현대도시의 변화와 정책
유한종 외 역, 푸른길, 1999

페브스너, 유럽 건축사 개관
김복지 역, 태림문화사, 1993

편집부, ANYWAY
서울: CA press, 1997

편집부, ANYWHERE
서울: CA press, 1997

편집부, ANYPLACE
서울: CA press, 1999

피에르 폰 마이스, 형태로부터 장소로-
건축의 보편적 원리를 찾아서
정인하, 여동진 역, 시공문화사, 2000

코야마 히사오, 건축의장 12강
김광현 역, 국제, 2008

헤르만 헤르츠버거,
Lessons for Students in Architecture
010 Uitgeverij, 2005

헤르만 헤르츠버거, 헤르만 헤르츠버거의
건축 수업-모든 사람을 행복하게 하는 건축가
안진이 역, 효형출판, 2009

힐데 하이넨, 건축과 현대성
이경창, 김동현역, 시공문화사, 2008

保坂陽一郎, 경계의 형태 그 건축적 구조
이진민 역, 한국산업훈련연구소, 1999

Ben Farmer, Adrian Napper
현대건축의 사고-100인의 세계적인 건축가
학자가 쓴, 장정제 역, 시공문화사, 2008

Bernard Rudofsky, 건축가 없는 건축-
토속건축의 짧은 소개, 김미선 역
시공문화사, 2006

C.N. Schultz, 건축의 의미와 장소성
미건사, 1994

Jacques Lucan, 프랑스 현대 건축의
역사와 이론 1940-2000, 한지형 외 역
시공문화사, 2006

Juhani Palssasmaa, 건축과 감각 The Eyes of
the Skin, 김훈 역, 시공문화사, 2013

Michael Fox, 인터랙티브 건축공간
남수현 역, 2010

ROB KRIER 건축의 구성론
시공문화사, 1999

Tom Avermaete외, 건축, 근대성과
공공영역에 대한 36인의 건축적 입장들
권영민 역, 2011

Ton Verstegen, 건축의 향성과 흐름, 은유적
활성화와 건축, 김원갑 역, 시공문화사, 2005

William J. R. Curtis, 1900년 이후의
근대건축, 강병근 역, 화영사, 1993

철학, 예술 부문

아놀드 하우저, 문학과 예술의 사회사
백낙청 역, 창작과 비평사, 1974

로버트 C. 홀럽, 수용미학의 이론
최상규 역, 예림기획, 1999

마르틴 하이데거, 존재와 시간
이기상 역, 까치글방, 1998

마르틴 하이데거, 시간의 개념
서동은 역, 누멘, 2009

마르틴 하이데거, 사유란 무엇인가
권순홍 역, 길, 2005

마르틴 하이데거, 마르틴 하이데거 존재론-
현사실성의 해석학
이기상, 김재철 역, 서광사, 2002

마르틴 하이데거, 형이상학이란 무엇인가
최동희 역, 서문당, 1999

마이클 헤이즈 편, 1968년 이후의 건축이론
봉일범 역, spacetime, 2003

모리스 메를로 퐁티, 지각의 현상학
류의근 역, 문학과지성사, 2002

모리스 메를로 퐁티, 보이는 것과
보이지 않는 것, 남수인 역, 동문선, 2004

모리스 메를로 퐁티, 의미와 무의미
서광사, 1990

미쉘 푸코, 니체·계보학·역사
이광래 역, 민음사, 1990

발터 벤야민, 발터 벤야민의 문예이론
심성완 편역, 민음사, 1994

장 폴 사르트르, 실존주의는 휴머니즘이다
박정태 역, 이학사, 2008

장 폴 사르트르, 존재와 무
정소성 역, 동서문화사, 2009

질 들뢰즈, 니체 철학의 주사위
신범순, 조용복 역, 인간사랑, 1993

프리드리히 니체, 도덕에의 계보
청하, 1988

프리드리히 니체, 권력에의 의지
청하, 1988

코디최, 20세기 문화지형도
컬처그라피, 2010

할 포스터, 반미학
윤호병 역, 현대미학사, 1993

Lefebvre, H, 자본주의 도시화와 도시계획
최병두, 한지연 편역, 한울, 1989

2. 외국단행본

Agger, Ben, Cultural Studies as Critical Theory, London: Falmer Press, 1992

Abram De Swaan, The Schools of Herman Hertzberger, Distributed Art Pub Inc, 2013

Baudrillard Jean, For a Critique of the Political Economy of the Sign, St. Louis: Telos Press, 1981

Benjamin, W. The arcades project. Ed. Rolf Tiedemann, trans. Howard Eiland and Kevin McLaughlin. Cambridge, MA: Harvard University Press, 1999

Best, Steven & Douglas Kellner, Postmodern Theory, London: MacMillan, 1991

Charles Jencks, New Pardigm in Architecture, MIT Press, 2003

Cohen, Jean & Andrew Arato, Civil Society and Political Theory Boston: MIT Press, 1992

Leonardo Benevolo, The History of the City MIT, 1975

Noberg-Schulz, C., Renaissance Architecture Rizzoli International Publication, 1971

Noberg-Schulz, C., Baroque Architecture Rizzoli International Publication, 1971

Kenneth Frampton Studies in Tectonic Culture: The Poetics of Construction in Nineteenth and Twentieth Century Architecture, MIT Press 2001

Steven Holl, Parallax
Princeton Architectural Pr, 2000

Steven Holl, Intertwining-Selected Projects 1989-1995, Princeton Architectural Pr, 1996

Peter Zumthor, Thinking Architecture
Princeton Architectural Press, 2000

Sharad Jhaveri, Heinz Ronner, Jhaveri, ShavadLouis I. Kahn: Complete Work 1935-1974 Princeton Architectural Press, 1987

Vincent Pligtelijn, Aldo Van Eyck Works
BIRKHAUSER, 1999

3. 학위논문 및 학회논문

이영수, 건축구성형식의 변화와 특성에 관한 연구, 홍익대 박론, 1992

박항섭, 한국 현대건축의 양태와 표현특성에 관한 연구, 홍익대 박론, 1997

김소희, 건축재료의 물성 표현을 통한 디자인에 관한 연구, 홍익대 박론, 1992

김광현 외, 19세기 박람회의 공간구축에 관한 연구, 대한건축학회논문집, 19권 8호, (통권 178호), 2003

루이스 칸 건축에 있어서 테크놀로지의 의미에 관한 연구, 한국실내디자인학회 논문집 제21권 6호 통권 95호 2012년 12월호

정진원, 소병일, 안도 타다오 건축의 現象學的 表現方法에 관한 연구
대한건축학회논문, 2010년 10월

이향련, 김광현, 신체 인식을 통한 스티븐 홀의 현상학적 건축에 관한 연구
대한건축학회, 2009년 10월

김광배, 현상학이 건축이론에 미친 영향과 현상학적 건축설계 방법론의 가능성에 대한 연구, 대한건축학회논문, 2007년 12월

김승범, 김광현, 케네스 프램턴의 비판적 지역주의가 지니는 한계점과 현대적 의의
대한건축학회논문, 2011년 8월

현대철학과 건축이론 시리즈2
Philosophy and Architecture Series

현상학과 건축이론

1판 1쇄 2014년 2월 10일

저자. 임기택(ktarchitect@pknu.ac.kr)

발행인. 김기현
발행처. 시공문화사(Spacetime)
디자인. 이문형(lmh0225@gmail.com)

등록. 1993년 3월 12일
주소. 서울시 서대문구 독립문공원길13 극동프라자 5층(120-796)
전화. 02)3147-1212, 2323
전송. 02)3147-2626

www.spacetime.co.kr, spacetime@korea.com
ISBN 978-89-5592-283-7 93540